程序设计类课程
教学模式研究

赵立双◎著

中国出版集团

中译出版社

图书在版编目（CIP）数据

程序设计类课程教学模式研究／赵立双著．--北京：
中译出版社，2023.12
ISBN 978-7-5001-7712-8

Ⅰ.①程… Ⅱ.①赵… Ⅲ.①程序设计—教学模式—
研究 Ⅳ.① TP311.1

中国国家版本馆 CIP 数据核字（2023）第 254203 号

程序设计类课程教学模式研究

CHENGXU SHEJI LEI KECHENG JIAOXUE MOSHI YANJIU

责任编辑：张猛　　　　封面设计：人文在线　　　　内文排版：冯旱雨

出版发行：中译出版社
地　　址：北京市西城区新街口外大街 28 号普天德胜大厦主楼 4 层
邮　　编：100088

印　　刷：三河市龙大印装有限公司　　规　　格：710 毫米×1000 毫米　1/16
字　　数：112 千字　　　　　　　　印　　张：9.25
版　　次：2025 年 4 月第 1 版　　　印　　次：2025 年 4 月第 1 次

ISBN 978-7-5001-7712-8　　　　　　定　　价：49.50 元

前　言

　　学校教育必须与世界接轨，以人为本，因材施教，培养学生的实践和探索创新能力已经成为 21 世纪教学改革与发展的主旋律。程序设计类课程是计算机专业学生的基础课程，必须结合当前大学生的基础知识和实际情况，进行教学方法改革和教学模式创新，提高教学质量和增强教学效果。如何在有限的学时内使学生找到科学的创新方法，是每位教师面临的问题。社会上涌现出了一批以教学模式而著称的程序设计类课程教学模式，有力地推动了教育改革的深化，但在教学模式探索的过程中，各学校也遇到了不少困境，甚至被人们质疑。如何认清教学模式的本质，引领学生探究适合自己学校"教"和学生"学"的科学教学模式，是目前高校教育改革面临的重大实践问题之一。针对计算机专业学生在学习程序设计类课程后，难以成为实用型人才的问题，笔者在教学实践中萌生了研究教学模式的欲望，但笔者自知学识浅薄，理论功底不深，恐难取得令人满意的效果，但笔者还是愿意在计算机专业程序设计类课程教学的道路上尝试、探索。

　　拙作是在笔者硕士论文基础上修改而成的，笔者在 20 年计算机专业教学和科学研究的实践中，面对人们对学生学习效果期盼值不断提升的状况，亲自到企业、实习单位调研、访谈，对计算机专业程序设计类课程教学进行艰难的探索，在教学过程中尝试了多种教学模式，对其有了较为深刻的认知，并进行分析，进而促成此书。

随着教学改革的全面实施，传统的教学模式已经不能满足现代教育理论的需求，因而需要既能贯彻先进的教育理念，又能适应教学实际的教学模式，这种教学模式既要有理论上的科学性与先进性，又有实践上的可行性与实用性。本书正是在相关文献的基础上，对现行的探究式教学、协作学习、自主学习等教学模式进行分析研究，从中取长补短，结合各种教学模式的优点并进行教学实践，计算机专业程序设计类课程教学模式是历经长达15年的实践探究得出的宝贵成果。

本书按照计算机专业程序设计类课程教学模式的理论与实践的思路来安排章节内容。第一章至第三章是关于程序设计类课程教学模式的理论研究，第四章至第八章是关于程序设计类课程教学模式的实践研究。理论部分包括教学模式、目标、原则、方法、评价等内容，对程序设计类课程教学进行了理论层面的探讨；实践部分主要就笔者探索的多维教学模式、"线上线下"协同互补教学模式、基于"计算思维"的教学模式、基于"云计算"的教学模式、基于"课程思政"的教学模式进行探索，提出自己的看法和主张并付诸教学实践。尽管"始生之物，其形必丑"，但笔者还是倾尽所能写成此书。本书特点有三：第一，注重科学性，力求准确表达程序设计类课程教学的相关概念，阐明规律；第二，突出时代性，注意借鉴、吸收当前研究的最新成果；第三，增强实践性，书中阐述的道理和选取的资料，力求有代表性，贴近教学实际，具有可行性和可操作性。

理论分析和教学实践表明，笔者尝试的教学模式可以进一步促进学生学习的自主性、合作性和探究性，提升学生的信息素养，提高学生的综合素质，为构建终身学习能力奠定良好的基础。

　　笔者在写作过程中，参阅借鉴了大量学者的研究成果，尤其是充分引用了计算机教学和教学模式方面的研究成果。笔者深知，只有站在巨人的肩膀上才能看得更远一些，只有在继承别人研究成果的基础上才能有所前进，笔者怀着这种理念开启了计算机专业程序设计类课程教学研究的探索之旅，今后会在探索的道路上继续不断前进，为计算机专业课程的教学略尽绵薄之力，力求未来能做得更好！

目 录

引　言

第一节　课题研究背景

随着科学技术的飞速发展，知识总量急剧膨胀，知识更新过程空前加快，"知识爆炸"成为这一时代的典型特征。据联合国教科文组织的统计，人类近 30 年来所积累的科学知识占有史以来积累的科学知识总量的 90%，而在此之前的几千年所积累的科学知识只占 10%。英国技术预测专家詹姆斯·马丁的测算结果也表明了同样的趋势：人类知识在 19 世纪每 50 年翻一番，20 世纪初每 10 年翻一番，20 世纪 70 年代每 5 年翻一番，而近 10 年大约每 3 年翻一番[1]。有人预计，到 2050 年左右，人类现在所掌握的知识，届时将仅占知识总量的 1%，这就是说，走向信息化后的人类社会，将创新出 99% 以上的新知识，这必将对教育提出前所未有的挑战。

"知识爆炸"要求必须转变教育思想。长期以来，我国的教育思想仍停留在"应试教育"上，衡量一个教师教学水平的高低主要是根据学生的考试成绩，评价一个学生是否灵活掌握所学的知识也是根据学生的考试成绩，造成这种状况的根源就在于教育界乃至全社会对教育思想的模糊认识。在这种教育思想的指导下，学校和学生把学习目的

1

放在追求高分、追求文凭上，学生对学习缺乏兴趣，为了应付考试，只能死记硬背，进而丧失了主动探索、主动发现的精神。因此只有树立正确的教育思想，注重学生能力的培养，才能满足知识爆炸的要求，顺应时代的发展。

知识总量的急剧膨胀对人的知识结构提出了新的要求。当代科学技术发展的特点，是既高度分化又高度综合而以高度综合为主的整体化趋势。一方面，学科的分化越来越细，研究的课题越来越专，形成了许多分支学科；另一方面，各学科相互渗透，形成了许多边缘学科、交叉学科，知识的一体化和综合化越来越显著。这种学科间的相互渗透与交叉、综合与分化，正是创造性人才所必需的知识结构，这无疑对学校教育又提出了新的要求。如何使学生具备广博的科学基础知识和融会贯通的能力，以适应纷纭复杂的社会需要，是当前从事教育的工作者必须探讨的问题。

知识更新过程的空前加快对能力培养有了更高的要求。为了满足知识的快速更新，学生除了具备扎实的理论基础外，还应具备一定的创新能力、实践能力和适应能力，这对于受教育者来说，更重要的是学会学习，具备自我更新知识的能力。然而我国的教育一贯在课程设置上重理论轻实践；在教学内容上偏多、偏旧；在教学方法上偏于灌注，疏于启发；在教学评价上偏于考查学生对知识的记忆，而疏于考查学生对知识的理解、运用和创造性思维能力。这样培养出来的学生高分低能，眼高手低，创新意识淡薄，难以具备信息时代需要的获取信息、分析信息、处理信息的能力。

为适应科技发展和知识剧增对学校教育提出的挑战，传统教学模式应该进行相应的变革，学习方式的转变是当代教学模式变革的重点。在传统的学习方式中，教师怎样教，学生就怎样学，无须多动脑筋；教师很少考虑学生的需求、情感和反应，学生也可以不关心教师的正确与否。这种传统的教学模式削弱了学生学习的主动性，泯灭了学生学习的创造性。基于以上分析，我们认为，为了推进我国教育的深化改革，以利于创新人才的培养，必须以现代教育技术为资源和手段，在先进的教育理论的指导下，采用全新的教学思想、教学模式和教学实践，改变传统的以教师为中心的教学模式，创建既能发挥教师指导作用又能充分体现学生主体作用的新型课堂教学模式。

新型课堂教学模式中的教学应是教会学生如何学习、帮助学生如何发展。在教学过程中，以学生为主体，根据学生需要取材，按学习难度量材，通过具体可行的多种教学手段、方法、活动，激发学生的学习兴趣。通过实践应用，激发学生的求知欲。通过认识教学过程中各种要素之间的相互关系及其多样化的表现形态，把握教学过程的本质和规律，提高学生的学习效率。

一、国内外研究概况

教与学是人类一种既普遍又复杂的交互活动，应该说自从有了人类教学活动便有了教学模式，而对教学模式的研究自 20 世纪行为主义及早期认知主义发展之后便得到了教育界更多的关注。严格来说"教无定式"，而所谓的定式也是人类在长期教学实践中反复总结、提炼、加工、筛选出来的"经验模式"。

（一）国内相关研究概况

我国传统的教学模式是千百年来沿袭下来的以教师课堂讲授为主的"课堂教学模式"。然而这种模式由于忽视学生的主动性，使学生处于被动接受知识的地位，缺乏自主探索的机会，不利于自学能力的培养，无法调动学生的积极性、主动性和创造性，因而得到普遍的批驳与反思。高文先生在《教学模式论》[2] 中介绍了四组十种教学模式。

第一组，基于知识组织与表征的学习与教学，其中包括"概念获得的学习与教学模式""概念形成的学习与教学模式"和"基于概念网络的学习与教学模式"三种。

第二组，基于问题解决的学习与教学，其中包括"一般的问题解决模式"和"抛锚式教学——基于逼真情境的问题解决模式"两种。

第三组，基于情境认知与意义建构的学习与教学，其中包括"情境认知与情境学习教学模式""认知弹性理论与基于超媒体的学习与教学模式"和"认知学徒制教学模式"三种。

第四组，基于活动的发展性学习与教学，其中包括"基于学习活动的教学模式"和"基于问题情境的教学模式"两种。

祝智庭先生在《现代教育技术——走向信息化教育》[3] 中从三方面对教学模式进行了分类。

（1）基于学习理论的教学模式，包括"行为修正模式""社会互动模式""个人模式"和"信息加工模式"四种。

（2）基于教学论的教学模式，包括"问答模式""授课模式""自学模式""合作模式"和"研究模式"五种。

（3）基于教育哲学的教学模式，从认识论和价值观两个维度定义了两组对立的教学模式，分别为"客观主义"与"建构主义"（认识论维度）和"个体主义"与"集体主义"（价值观维度）。

其他学者对教学模式也做了论述，概括起来，常见的教学模式有个别授导、操练与练习、教学测试、教学模拟、教学游戏、智能导师、问题解决、微型世界、虚拟实验室、情景化学习、案例研习、基于资源的学习、探究性学习、计算机支持的合作学习、虚拟学伴、虚拟学社、协同实验室、计算机支持的讲授、虚拟教室、认知工具等20余种。

（二）国外有关教学模式的研究

从 17 世纪 30 年代捷克的夸美纽斯发表《大教学论》[4]，提出班级授课制度，开创以教师为中心的教学模式以来，经过历代教育学家、心理学家的努力，使这一领域实践探索不断深入，教学理论研究成果层出不穷。19 世纪德国教育家赫尔巴特提出了"五段教学"理论，即预备、提示、联系、统合、应用。20 世纪 30 年代苏联教育家凯洛夫，运用马克思主义认识论对赫尔巴特的五段教学加以改造，提出一种新的五段教学论——激发学习动机、复习旧课、讲授新课、运用巩固、检查效果。新中国成立初期新五段教学论从当时的苏联传入我国，至今仍然是国内各大高校课堂教学主要采取的教学模式。其优点是有利于教师主导作用的发挥，有利于教师对课堂教学的组织、管理与控制；但却存在一个很大的缺陷，就是忽视学生的主动性、创造性，不能把学生的主体作用很好地体现出来。之后加涅又提出了其"联结—认知"学习理论和"九段教学法"教学模式。随着多媒体与计算机网络的普及，特别是基于 Internet 的教育网络的广泛应用，各国都开始探索和实践新型教学模式。如 20 世纪 70 年代美国提出的"基于问题的学习"（Problem-Based Learning）模式，它以解决问题为中心，注重学生的独立活动，着眼于创造性思维、意志力和知识迁移能力的培养[5]；"基于项目的学习"（Project-Based Learning）模式，以学科知识为核心，通过设定与学生真实生活密切相关的问题情境与任务，从而激发他们的学习兴趣与探究欲望，以培养其自我决策、解决实际问题和与他人合作交流的综合实践能力[6]。

从上述所列举的各种教学模式看，每种教学模式都有自己的优势，也有自己的局限性，不同的教学模式体系分别适用于不同的教学目标。因此，我们不能也不可能用单一的模式去完成所有的教学任务，笔者认为有必要根据教学的具体目的、教学内容的性质、条件及学生的情况来构建最适合的教学模式。

第二节　课题研究的内容

传统的课堂教学是以教材为本，强调预设课程的实施；以教师为主导，更重视教师的"教"；教学评价重视结果、重视分数。新课程背景下的课堂教学是以学生为本，强调学生的自主体验；教学评价重视学生能力的发展、解决问题能力的提高和学习方式的转变。这种课程理念的转变必然要创建一种新型的课堂教学模式，这种课堂教学模式应该是：学生是自主的，是积极学习的主体，教师的价值在于组织、引导与服务学生。本书在新型课堂教学理念的基础上，提出了多维教学模式。

其一，依据当前国内外关于教学模式研究状况及目前教学模式由单一化向多样化、由归纳到演绎，再到两者并重的发展趋势，以教学模式为切入点，对其概念、功能及其构成要素进行简要研究，进行构建多种教学模式的尝试。

其二，对构成多种教学模式的教师、学生、教材、教学活动等要素进行研究，构建多种教学模式图，并对教学模式实施条件及具体实施方案进行研究，以其推动教学改革，提高教学效果。

第三节　本书内容组织及安排

本书由引言和八章内容组成。

引言部分论述了课题研究背景、国内外研究现状及课题研究的内容。

　　第一章至第三章首先对教学模式的概念、功能和结构进行简要介绍，并对已有的三种典型的教学模式（探究式教学、协助学习、自主学习）进行分析研究，简述了计算机专业程序设计语言，并介绍了其原则、发展史及程序设计类课程教学模式。

　　第四章是多维教学模式的详细构建部分。本模式以人本主义、建构主义和多元智能理论为指导，对教学中涉及的诸要素及其相互关系进行了分析和研究，构建了多维教学模式图，在提出实施条件之后，给出了实现框架，并在此基础上描述了实现流程。以高校"数据结构"课程的教学为例，论证了多维教学模式在教学中的具体运用方案，分析了实施效果情况，并对本章工作进行总结和展望。

　　第五章至第八章从四个层面探索程序设计类课程教学模式。

第一章　教学模式概述

第一节　模式及模式化研究

"模式"在《国际教育大百科全书》中的定性解释：对于任何一个领域的探究都有一个过程，在鉴别出影响特定结果的变量或提出与特定问题有关的定义、解释和预示的假设之后，当变量或假设之间的内在联系得到系统的阐述时，就需要把变量或假设之间的内在联系合并成为一个假设的模式。该释义用模式解释模式显然有悖推理规律，况且其阐述晦涩、操作性不强，解释也不甚明了。

另外，因受不同的研究者所关注领域和思维定式的影响，对模式就有不同的界定结论。美国比较政治学家比尔和哈德格雷夫则认为，"模式是再现现实的一种理论性的、简化的形式"；"模式是指体现事物的本质和一般特点的基本结构或基本式样，它舍弃了事物的细节，反映了事物的基本特征"。在英国传播学家麦奎尔看来，"模式表明任何结构或过程的主要组成部分以及这些部分之间的关系"。这些界定都从不同的层面上反映模式所具有的基本属性和特征，但存在概括性、统摄性等方面的缺陷也是难免的。

笔者以为，模式是为了解决某领域或特定的问题，在对问题原形所输出信息及本质特征的抽象、简化、假设、推理的条件下，运用系统科学的方法对一定范围内事物规律的概括和描述，是一种对现实世界的抽象表达。在构建系统时，要求所汲取特征与问题（客体原形）的本质特征相拟合；所构建的系统，是一个既具有相对稳定的结构，又有某种开放特征的开放系统；同时也要求所构建的系统具有可操作性、简约性和推广意义。具体来说，模式是在对特定问题输出信息及问题本身的特征进行分析的基础上，根据某种原理推演或者由实践归纳和总结出来的，由思想和理念、目标和方法、活动和策略、结构和操作程序所构成的，具有相对稳定结构的问题解决系统。

模式的基本特征

1. 层次性与嵌套性

鉴于对问题本身所输出信息提取时，无论是从观念上，还是在方法上，都可能存在一定的差异。这样，提取的信息从量和质上存在差异是不可避免的。另外，对问题特征分析的基点有层次之别，也就是说，对于同一个问题特征的分析，是受所关注问题的视角和解析问题级别与层级关系影响的。因此，对问题本质特征抽象、简化、假设、推理的结果与问题本质特征的拟合程度自然而然地存在着层次之别。这样对同一问题所规约的解决问题的系统（即模式）不可避免地具有了一定的层次性和嵌套性特征。同时，在一定模式之间还能够进行相互或者定向的转化，也就是具有一定的嵌套性。

2. 结构的相对稳定性

模式之所以称为模式，一经提出便经过实证或检验，应该具有相对稳定的结构、有构成结构所需要的基本元素，并且各级元素之间也具有比较持续的影响关系或者逻辑联系。这些都是模式的基本要求，也是模式所具有的基本属性，否则其操作性将无以实现，实际的指导意义也就引起质疑。

3. 操作性和具体细节的开放性

模式本身作为问题解决的中介体，是一种理论的反映和体现，这种反映和体现是建立在具体操作上的，所以模式具有一定操作性是其基本特征。但是，模式的结构细节及其对应的操作程序，又不是固定不变的，特别是对于一些比较复杂的问题，或者认识还非常有限的问题而言更是如此。这样，就要求针对解决问题的模式具有一定的开放性，以使其具有一定的适应性和延伸性，否则，其推广意义将不复存在。

4. 规律性和可验证性

模式的最基本特征是具有规律性。这意味着模式在一定条件下会按照一定的规律重复出现。这种规律性可以是时间上的，如季节性的变化；也可以是空间上的，如地理分布的规律。规律性使模式具有可预测性，为人们研究自然界和解决问题提供了便利。模式具有可验证性，即可以通过实证研究、数据分析等方法对模式进行验证。可验证性是科学研究的基石，有助于确保研究结果的可靠性和客观性。

5. 系统性和动态性

模式具有系统性，即模式之间相互关联、相互影响，构成一个完整的系统。系统性使模式研究需要从整体的角度进行，以实现对现象的全面把握。模式具有动态性，即在时间演化过程中，模式会发生一定的变化。动态性反映了现象的演变规律和趋势，为人们预测未来提供了依据。

第二节　教学模式意义

　　教学模式（Models of Teaching）一词最早是由美国学者乔伊斯（Bruce Joyce）、韦尔（Marsha Weil）和卡尔霍恩（Calhoun，E.）等人提出的，在他们共著的《教学模式》（1972年出版）一书中翔实而系统地介绍了由其所提出的20余种教学模式。尽管美国学者R. 谢弗认为该书"适合于任何时候"是不可否认的事实，该书确实具有很强的操作性和现实的指导意义，但同时也不能否认的是，该书只涉及具体的模式及其基本类别，为教师提供针对不同层面教学问题的模式选择空间，也就是说，某种模式适合于完成什么样的教学任务；在什么样的情况下运用哪种模式会更有效；面对同一任务时，某种模式是否会比其他模式更为有效等问题，用实证的方法进行阐述，并未将教学模式作为系统的理论来论述。乔伊斯甚至对教学模式概念的界定也比较含糊，在不同的场合出现了不同内涵和外延。如"教学模式是一种可以用来设置课程、设计教学材料、指导课堂或其他场合的教学计划或类型"，此教学模式实质是教学计划。"教学模式就是学习模式。在帮助学生获得信息、思想、技能及表达方式时，我们也在教他们如何学习"，此教学模式又具有方法的某些属性。"一种教学模式就是一种学习环境，这种环境有多种用途，从如何安排学科、课程、单元、课题到设计教学资料，如教材、练习册、多媒体程序、计算机辅助学习程序等"，此教学模式在乔伊斯看来又具有教学内容结构、教学操作程序的特征。由此看来，教学模式作为理论化研究，在乔伊斯等人的《教学模式》中并未系统化。

经过 30 余年的实践探索和理论研究，教育界同仁探索出了非常多的具体教学模式，这些模式在教学实践中发挥着积极作用，也为理论发展提供了丰富的资源。近年来，不论是理论研究界，还是在教学实践中，教学模式问题都受到高度关注。

理论研究者清楚地认识到，教学模式是现代教学论中不可缺少的一部分。"由于教学模式是一个系统的综合体，因此它可以解决教学方法、教学手段、教学组织形式在运用上所带来的问题，近年来，教学模式已成为当前教学论研究的热点。"将教学模式纳入教学论体系，是教学论发展的标志，"现代教学论对教学模式的关注是一大进步，尤其是教学模式的多元化发展更使现代教学论显得丰富多彩，不管是着眼于信息处理的教学模式、着眼于人际关系的教学模式、着眼于人格发展的教学模式，还是着眼于行为控制的教学模式，它们均是从不同背景和思路对教学理论与教学实践进行的有益探索，这种探索会随着时代的发展继续进行"。更有人提出，以教学原理、教学模式和教学活动来构筑当代教学论的新体系（吴立刚）。南京师范大学的吴也显教授认为，将教学模式作为具体的教学方法和形式的概念引入教学论中，已成当务之急。由此可见，教学模式对当代教学论体系构筑的影响之大、意义之深远。

在教学实践中人们为体现不同教学理念、适应环境的变化、顺应时代发展的需求，促进学生的发展和学业水平的提高，从未间断过对不同教学模式的探索和实践，正是由于对新的教学模式的不断探索，因此提高了教学质量和效果，促进了学生的全面发展，优化了教学资源配置，指导了教学实践活动，改变了教学格局，推进了教育教学改革的进步，适应了社会需求。教学模式是教育教学过程中的重要组成部分，对于实现教育目标和发展具有重要作用。

第三节　教学模式概念

什么是教学模式？

1972 年，美国学者乔伊斯和韦尔等人在《教学模式》一书中提出"教学模式是构成课程和作业、选择教材、提示教师活动的一种范式或计划"[7]。事实上，教学模式作为教学论的一个术语，不能单纯说是一种计划。把其引入教学论当中，其目的是想借此来说明在一定的教学思想或教学理论指导下建立起来的教学活动的基本结构或框架，表现教学过程的策略体系。

自 20 世纪 80 年代以来，我国教育界对教学模式的研究渐趋重视，并出现一些重要的研究成果。关于教学模式，国内有三种观点。

第一种刁维国的"教学过程的模式"，即教学模式与教学程序基本同义，认为"教学模式是指具有独特风格的教学样式，是就教学过程的结构、阶段、程序而言的，长期而多样化的教学实践，形成了相对稳定的，各具特色的教学模式"[8]。

第二种温世顿的"教学方法的模式"，教学模式与教学方法或教学方法组合同义，认为"教学模式为特殊的教学方法适用于某种特殊的情境"。

第三种吴恒山的"教学设计的模式"，教学模式类似教学设计，认为"教学过程的模式，简称教学模式，它作为教学理论里的一个特定的概念，指的是在一定教育思想指导下，为完成规定的教学目标和内容，对构成教学的诸要素所设计的比较稳定的简化组合方式及其活动的程序"[9]。

13

综上可知，第一种观点突出了操作，但只强调了实践性，忽视了理论性。第二种观点强调了具体方法的运用，仅属于教学模式的部分内容。教学方法是指"讲授、实验、练习、演示"等各种具体的方法，而教学模式还涉及课程、教材、操作程序等更为广泛的领域。第三种观点则包含了一定的理论、方法、程序、教学内容等因素，这与乔伊斯和韦尔的提法相似。他们认为，教学模式是"能用于构成课程和课业，选择教材，提示教师在课堂或其他场合教学的一种计划或范型"。

总的来说，我们可以把教学模式理解为开展教学活动的一整套方法论体系，实质上它是在一定教学思想或教学理论指导下建立起来的、较为稳定的教学活动框架和活动程序。它是教学理论的具体化，又是教学经验的一种系统概括。它既可以直接从丰富的教学实践经验中通过理论概括而成，又可以在一定的理论指导下提出一种假设，经过多次试验后形成。

因此，教学模式在教学理论和教学实践之间起着承上启下的作用，是理论与实践的中介。其关系如下所示：

$$理论 \Leftrightarrow 模式 \Leftrightarrow 实践$$

可见教学模式的学习、运用和构建，既能丰富、发展教育理论，又能指导教学实践活动。

第四节 教学模式的特征与功能

一、教学模式的特征

教学模式是指在教学过程中，教师和学生根据教学目标、教学内容、教学方法等要素，形成相对稳定的教学活动结构和方式[42]。随着教育理论的发展和实践经验的积累，教学模式在不断地演变和完善。教学模式在教学实践中表现出来的特征主要有以下几点：

1. 针对性

教学模式始终以教学目标为导向，强调教师根据学生的需求、课程特点和教学条件，有针对性地选择和运用教学方法，以实现教学目标。任何一种教学模式都是为了解决教学过程中某些特定的问题或某个层面的问题、根据一定理论或理念而创建的，具有一定的价值判断过程，这个价值判断涉及社会背景、文化传统以及相关的心理、生理等方面的理论。因此，也就具有一定意义上的针对性。另外，对具体教学问题的特征抽取，也会因以上诸方面的因素的制约而出现不同的结果，这样，对于一个具体的教学模式来说，就有属于该模式自己的特定功能目标、结构框架、操作程序和使用范围。所以说，教学模式是有针对性的。

2. 结构稳定性

教学模式具有一定的结构，包括教学方法、教学组织形式、教学评价等环节。这些环节相互关联，共同构成了一个相对稳定的教学系统。在教学过程中，教师需要根据实际情况调整和优化这个结构，以提高教学效果。[38]

3. 教学资源整合性与方法多样性

教学模式包含多种教学方法，如讲授法、讨论法、演示法、实践法等。教师在选择教学方法时，要考虑学生的认知规律、课程性质和教学资源等因素，灵活运用各种方法，以激发学生的学习兴趣和积极性。教学模式强调教学资源的整合与利用，教师要充分发挥现代教育技术的作用，利用多种渠道获取教学资源，为学生提供丰富、生动的教学内容。

4. 学生主体性和教师引导性

现代教学模式强调学生的主体地位，教师要关注学生的个体差异，引导学生主动参与教学活动、培养学生自主学习的能力和创新精神。此外，教学模式还要注重培养学生的人文素养和道德品质，使其全面发展。在教学过程中，教师起到引导者、组织者和促进者的作用。教师要根据教学目标和教学内容，设计教学活动，引导学生主动探究、积极思考，激发学生的学习兴趣，提高学生的学习效果。

5. 情境创设性与合作互动性

教学模式注重创设情境，让学生在真实的情境中感受、体验和理解知识。情境创设可以激发学生的学习动机，增强学生的情感参与，有助于提高教学质量和培养学生的实践能力。教学模式鼓励学生之间的合作与互动，通过小组讨论、合作探究等方式，培养学生的团队精神和沟通能力。同时，教学模式也强调教师与学生之间的互动，促进师生之间的情感交流和学术探讨。

6. 评价合理性和适应性

教学模式倡导合理、多元化的评价方式，既关注学生的知识掌握程度，也关注学生的能力发展、情感态度和价值观。评价要注重过程与结果的结合，教师要根据学生的实际表现，给予及时、客观、公正的评价。教学模式也要具有一定的适应性，教师可根据学生的年龄特点、认知水平、学科性质等要素，选择合适的教学模式。同时，教学模式也要具有一定的灵活性，教师可根据教学过程中的实际情况，适时调整教学策略和方法。

7. 参照性和扩展性

教学模式是针对具体的教学问题而提出的问题解决的操作系统，并非教学经验的汇总，从一定程度上说，具有了参照性的功能。在实际应用时，结合具体的教学模式及其所适应的教学情境、问题特征来参照执行。其一，在应用一个具体的模式时，一般要求在遵从其基本的结构框架规约的前提下，灵活地组织教学活动的细节；其二，是指遵从结构框架，而不是生搬硬套、墨守成规。

教学模式在应用时所表现出来的扩展性是固有特征开放性的体现形式。开放性包括三个不同含义，对应到教学模式应用时的扩展性，即对已有模式功能扩展和结构完善形成新的模式、从已有模式中裂变出新的模式、不同模式组合重构出全新模式三个层面上的扩展形式。前一种扩展性形式主要是对已有模式完善的过程，表现为在模式内部的扩展性。而后两种扩展性形式，则表明模式本身并非僵化的和一成不变的，而是发展的，在参照时还可以进行一定的变通，从而提出全新的模式，以指导教学实践或者接受教学实践的检阅和验证。

8. 完整性

教学模式是教学现实和教学理论构想的统一，其有一套完整的教学结构和实施要求，应做到在理论层面能够自圆其说，在过程层面有始有终。教学过程是一项系统工程，任何一种教学模式都是由多个教学要素有机构成的整体。在运用时，不能局限于形式上的模仿和生搬硬套，必须从整体上进行理解、把握和运用。一方面，要深入理解其理论框架及其精髓所在；另一方面，要灵活掌握其基本方法和实施尺度。如果不能有效地领会其理论精髓，那么只能降低教学效果，无法使预期的教学作用最大限度地发挥出来。换句话说，在教学模式的运用过程中，如果没有从整体的教学角度理解、把握和运用，只是生搬硬套、机械模仿，则难以达到提升教学效果的目的[40]。

总之，教学模式是一种系统性的教学方法，教师要根据具体的教学情景，灵活运用和调整教学模式，以提高教学效果，促进学生的全

17

面发展。

二、教学模式的功能

教学模式是在一定的教育理念指导下，为完成特定的教学任务，围绕教学目标而形成的相对稳定的教学结构和方式。它具有多种功能，可以有效地促进教育教学改革和发展。以下是教学模式的主要功能。

1. 推广优化功能

在实际教学过程中，教师总结出大量教学经验，经过逐步概括、系统整理，使其通过教学模式进一步提升到理论层面。此外，多样化的教学理论对教学活动的指导，形成了相应的教学模式，丰富和发展了现代教学理论。这样的教学理论，便于教师直观、迅速地理解和把握其实质，有利于进一步推广和优化，而不像一般的教学理论那样枯燥乏味，教师难以理解和把握。

2. 示范引导功能

教学模式对课堂教学结构进行整体考虑，从某种意义上说，教学模式既是教学改革的产物，又是教学改革的催化剂。通过教学改革，逐步建立各种类型的教学模式库，一方面，这将有助于实际的教学朝科学化发展方向不断迈进，另一方面，这将直接为实际教学提供众多的可选方案。因此，教学模式为教师从事课程教学活动提供了科学依据和模式库，克服了教学研究中的很多概念、评价标准、教学方法模糊不清的弊端，使教师能够摆脱仅凭经验和感觉进行实际教学的状况，从而有助于优化教学资源配置：教学模式注重教学资源的整合与利用，有利于优化教学条件，提高教育教学资源的利用效率。有助于素质教育：教学模式关注学生的全面发展，强调知识、能力、情感、态度和价值观的培养，有利于推进素质教育。有利于提高教学质量：教学模式通过对教学过程的系统设计和组织，有助于提高教学质量，实现教育教学目标。有助于教育科研：教学模式倡导教育研究与实践相结合，有利于推动教育科学的发展和应用。

教学模式是将一定的教学理论运用于实践的较为完备的便于操作的实施程序。掌握若干常用的教学模式，并在其指导下开展教学活动，可以减少盲目摸索、尝试错误所浪费的时间和精力。教学模式的示范引导功能旨在为教师提供基本的"教学套路"，并不限制或扼杀教师的创造能力。教师在实际课程的教学过程中运用"传统方式"时，可以根据具体的教学条件或情境约束，灵活调整，形成适合教学实际的改良版本。教学模式示范引导功能的发挥，对于教师，特别是青年教师，尽快独立教学、规范教学、建立实践教学秩序具有非常重要的意义。

3. 预测反馈功能

预测反馈功能是指教学模式能够帮助教师预见教学效果，并将结果反馈到教学过程中，使其朝好的方向发展。一般而言，教学模式的实施必须具备某些条件，如果具备了这些条件，准确运用该教学模式，就必然会获得相应的教学效果。例如，在教学程序设计课程教学时，如果选择项目案例驱动的教学模式，就可以根据交付的课程设计充分发挥其教学预测功能教学模式，发现学生的阶段完成情况和完成质量。为实现预期的教学目标，对教学过程进行控制和调节，使之朝着有利于改进教学方法、提高教学效率的方向发展。在教学过程中，预测反馈功能的充分发挥，可以减少实践教学过程的盲目性。

4. 持续改进功能

由于教学模式仅提供了一个理论框架，有待于在教学实践中进一步具体化，这就为创造性教学提供了各种可能。教师在实际教学过程中，通过对教学模式的具体应用、实践和改革，可进一步促进教学模式的完善，推动教学理论进一步发展。这是教学活动过程的系统化，有利于构建一个整体优化系统，从而实现从实践到理论再到实践的良性循环。[43]

为了适应新的教学目标，就要求对与之相应的教学条件、教学程序等诸多因素作出修正或改进，要求教师更新教学观念，提高自身的素质和能力，从全局出发，进行整体教学模式转化，直至以更有效、更完善的新模式取代已僵化、落后的旧模式。教学模式的持续改进功能，就是建立在教学整体过程的基础之上，它要求以整体的、动态的眼光看待教学过程的模式优化转换问题。教学模式系统的持续改进功能的发挥，可以带动实践课堂中师生关系，以及教学评价、教学管理等教学领域的一系列改革。

总之，教学模式具有多种功能，对于提高教育教学质量、培养学生的创新能力和综合素质、推进教育现代化等方面具有重要意义。因此，深入研究和探讨教学模式的理论和实践，对于我国教育改革和发展具有重要的现实意义。在新时代背景下，我们要不断创新教学模式，使之更好地服务于教育事业，为培养德智体美劳全面发展的社会主义建设者和接班人贡献力量。

第五节　教学模式的结构

教学活动存在于一定的空间和时间之中：在空间上，表现为根据一定的教学理论，处理、协调教学过程的各个要素在教学活动中的地位和相互关系；在时间上，表现为怎样安排教学活动的各个阶段或环节的程序。这样，不同的教学理论、教学目标，设计和组织师生活动的不同安排，就构成了不同的教学模式。一个完整的教学模式应包含下列五个环节[10]，如图 1-1 所示。

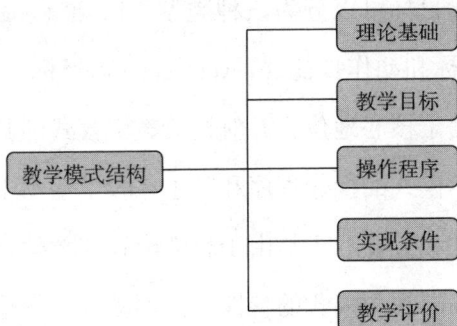

图 1-1　教学模式结构图

一、理论基础

任何教学模式都是在某种教学理论指导下提出来的，是一定的教学理论的反映，是在一定理论指导下的教学行为规范，体现了一定的价值取向。理论可以是某一具体流派的理论，也可以是某种教育教学思想[11]。例如：程序教学模式是根据行为主义心理学的理论提出来的；合作教育教学模式是根据社会主义人道主义、民主化和发展性的教学思想提出来的[12]；概念获得模式和先行组织模式的理论依据是认知心理学的学习理论，而情境陶冶模式的理论依据则是人的有意识心理活动、理智与情感活动在认知中的统一。无论是从某种教学原理中演绎出的教学模式，还是从实践的教学经验中提炼出的教学模式，都有一个鲜明的理论指导贯穿其中，决定着教学模式的其他构成要素，因此我们在学习、研究、运用和构建各种教学模式时，必须首先关注提出模式所涉及的教育理论和价值取向。

二、教学目标

任何教学模式都指向和完成一定的教学目标。教学目标是指教育者通过教学活动对学习者在认知、情感或其他方面朝着某一方向发生变化的预期。通常教学目标可以分为三种类型：认知（cognitive）目标、情感（affective）目标和动作技能（psychomotor）目标[13]。教学目标在教学模式的结构中处于核心地位，并对构成教学模式的其他因素起着制约作用，决定着教学模式的操作程序和师生在教学活动中的组合关系，也是教学评价的标准和尺度。正是由于教学模式与教学目标间极强的内在统一性，决定了不同教学模式的特性，不同教学模式是为完成一定的教学目标服务的。

三、操作程序

教学模式的操作程序是指完成目标的步骤和过程。它规定了在教学活动中师生先做什么、后做什么，以及各步骤应当完成的任务。任何教学模式都有自己一套独特的操作程序和步骤。例如，赫尔巴特的教学模式强调知识的传授，其操作程序包括明了、联想、系统和方法四个阶段。杜威的实用主义教学模式的操作程序包括情景、问题、假设、推理和验证五个步骤。教学操作程序来源于具体教学过程，是依据教学目标、教学内容等因素而设计出来的具体可操作的教学步骤，同时也体现了教师和学生各自的角色和承担的任务。

四、实现条件

教学模式的实现条件是指完成一定的教学目标，能使教学模式发挥效力所需要的各种条件因素。任何一种教学模式都有适合其本身的特定实现条件，只有在这些条件得到满足时，教学模式才能发挥效用。实现条件包括多方面内容，有对教师和学生的要求，有对教学材料、教学内容的要求，有对教学手段、教学媒体的要求，等等。例如，教师的素质

(师德、专业水平、教学技能等)、教学设备、环境、师生人际关系、学生特征等。

五、教学评价

教学评价是指各种教学模式所特有的完成教学任务、达到教学目标的评价方法和标准等。任何一种教学模式都有其适用的情景和范围，功能也不尽相同，因此，任何一种教学模式，都应有与之相应的评价标准、评价方法和反馈、调控方法。

总之，教学模式的各个要素地位不同，发挥的作用也不同。它们之间相互联系，相互制约，共同形成了一个完整的教学模式。理论指导是教学模式建立的基础和依据，对其他要素起着导向性作用；教学目标是教学模式的核心，它制约着操作程序，也是教学评价的标准；操作程序是教学模式实施的环节和具体步骤；实现条件是教学模式得以有效发挥的重要保证；教学评价使我们能够了解教学目标的实现程度，通过对评价结果进行分析，进而对教学的某些因素进行评定和改进，促使教学模式得到有效的发挥。

第六节　教学模式的教学价值

教学模式作为沟通教学理论与教学实践的桥梁，在教学过程中很好地发挥了教学理论具体化与教学经验概括化的中介作用，对它的研究和探讨不仅丰富和发展了教学理论，而且有益于提高教学质量和教学效率，使学生在较短的时间内掌握更多的知识和技能，具有一定的教学价值。[42]

国内一些学者认为，对教学模式的研究可以让我们从系统整体的角度探讨教学过程中各个因素的相互作用；教学模式具有概括性、可操作性的特点，因此也易于教师掌握；因为教学模式沟通了教学理论与教学实践，对它本身进行研究有利于改善两者相脱节的现象，也有利于提高教育教学质量。根据国内学者对教学模式教学价值的研究以及相关文献的梳理，笔者将教学模式的主要教学价值归纳为以下三点。

一、为教师提供合适的教学方法

20 世纪 70 年代美国开始对教学模式进行系统研究；为了解决教学理论与实践相脱离的问题，我国从 20 世纪 80 年代开始对教学模式进行研究，这一研究也成为教学论研究的一个"热点"。教学模式是一种具体的教学过程理论，因此对教学模式的研究为教师教学提供了相应的理论依据；它又是对教学实践经验的系统总结，为教师进行下一步教学提供了可借鉴的经验。

教学模式为教师教学提供了有一定理论依据的教学法体系，可以使教师在实践摸索中进行教学。教学模式本身具有很大的灵活性，教师可在教学过程中依据学科特点、现有教学条件与自身教学风格等因素选择适合自己和学生的教学方法，这体现出教师对学科特点的主动适应。我国从 20 世纪 80 年代开始系统研究教学模式，常用的是由国外教育学家的教育理论演变而来的模式，它们在相当长的时间内发挥了其应有的教学价值：我国中小学常用的教学模式主要有传递—接受式教学模式、自学—辅导式教学模式、引导—发现式教学模式、情境—陶冶式教学模式、示范—模仿式教学模式。传递—接受式教学模式是传统的教学模式，教师在课堂上采用讲授法进行授课；自学—辅导式教学模式重在培养学生的自学能力，在课堂上给予学生学习的空间，让他们进行自主学习；在采用引导—发现式教学模式的课堂中，教师采用问题探究式的教学方法，培养学生的创造性思维和意志力等。教师可以根据不同的教学模式采用不同的教学方法，甚至在一种教学模式下可以采用多种不同的教学方法，综合运用多种教学方法来完成教学任务，从而最优地完成教学任务。

二、为教师提供相对稳定的教学设计依据

教学模式以一定的教学理论为指导来完成规定的教学目标和任务，在形式上表现为一定的教学活动程序及方法策略，在当时的教学过程中充分发挥了教师的主导作用；教学设计是把教学的原理转变成教学所用的材料与教学活动计划的一个过程，也是对教学活动进行系统计划的一个过程，在这个过程中教学模式发挥着重要的作用；教学模式指导教师完成规定的教学任务，在完成这项任务的过程中教师需要根据学生所学内容知识选用不同的教学方法，也可以根据学生学习的特点来选择教学模式，并根据相应的教学模式进行课堂教学设计，教学模式的提出为教师教学提供了一种合理的教学设计的依据。教学的不同阶段采用不同的教学方法，所设计的课堂教学程序也不同，这些教学方法与教学程序之间有着内在的联系，采用不同的教学方法授课可以有不同的教学效果，但无论何种教学方法，都应在一定程度上促进学生学习的自觉性、积极性，激发学生的学习兴趣，也应能够培养学生的自主学习能力和探究能力。因此，教学模式的提出为教师提供了稳定的教学设计依据，在不同的课堂教学活动中，学生的学习积极性和自觉性都得到了提高，教师的教学效率与学生的学习成果也会相应地得到提高。

三、丰富课堂教学形式

任何课堂教学活动的开展都需要采取一定的形式，而长期以来教师

教学形式单一，造成学生没有学习的动力与兴趣，课堂教学质量与效率不高。采取何种教学形式也与教学模式的选择有关，在教学实践中存在多种教学模式，但是一位优秀的教育实践工作者不会拘泥于某种固定的教学模式，而是会不断创新，不断呈现出个人的特色。教师根据自身的教学特点选用不同的教学模式，在课堂上会呈现出不同的教学形式。在传统的教学模式下，教师完全处于主导地位，课堂上是以教师的讲授和指导为主，学生按部就班地完成教师布置的任务，呈现的是单一传递的形式；随着课程改革的推进，多种教学模式出现了。师生在课堂互动中呈现的是相互尊重、交流合作与共同发展的特点，课堂学习气氛活跃，师生合作交流的方式也十分灵活，学生在课堂上展示和表达的机会也更多，教师在课堂上不仅要传授知识，还要积极参与学生的学习过程，引导学生在探究合作中学习，使学生在交流合作中得到发展。不同的教学模式下呈现出的课堂教学形式是不同的，教学模式的提出为教师的教学活动提供了理论基础，丰富了课堂教学形式，也增强了课堂教学效果。

教学模式本身的作用主要是培养学生成为更有效的学习者，因此可以说教学模式也是学习模式。课堂上教师在帮助学生获得知识，掌握表达方式以及技能的同时，其实也在教学生如何学习。不论采用何种教学模式，教育的最终目的都是提高学生的学习能力，使学生在学习过程中不仅掌握了知识与技能，也享受了学习的过程。丰富多彩的课堂教学形式调动了学生学习的积极性，培养了学生的学习兴趣与学生的创新意识、自学能力等，也增强了学生的学习效果。根据学者们对教学模式的研究，教师在教学过程中要依据教学目标与内容、学生年龄特征和知识、智力水平以及自身条件选择合适的教学模式。教师在运用教学模式过程中要充分发挥自己的主观能动性和创造性，创造更为适合自己的教学模式，这样才能体现出教学模式的教学价值。

综上所述，教学模式在为教师提供合适的教法、为教师提供相对稳定的教学设计依据、丰富课堂教学形式等方面具有重要的价值。在新时代教育发展过程中，不断探索和创新教学模式具有重要意义。

第二章　典型的教学模式分析

在新型课堂教学理念下，比较典型的教学模式有探究式教学、协作学习和自主学习教学模式。探究式教学，是在教师的引导下，以现行教材为基本探究内容，学生亲自体验所学知识的产生过程和应用过程，在这种体验过程中，学生获得了知识、培养了能力、健全了人格。协作学习是打破教师"一言堂"的局面，创设有利于人际沟通和合作的教学环境，促使学生学会交流信息、分享成果、发展团队精神，为学生今后走向社会创造有利条件。自主学习强调学生的自主发展，强调学生通过积极建构学习新知识，使学生得到积极思考和锻炼，为学生将来的发展奠定了良好的基础。我们可以看出每一种教学模式都有一定的优势，但同时也看到每一种教学模式都强调了某一个方面，没能把探究式教学、协作学习、自主学习有机结合起来。本书提到的多维教学模式旨在改变原有的课堂教学环境，改变传统的师生关系，改变陈旧的学习方式，改变原有的评价体系，营造一个平等、尊重、信任、理解的教学氛围，构建一个自主、协作、探究、交往的学习平台，使每个学生都得到一定的发展。

第一节　探究式教学模式

探究式教学模式是一种以学生为中心的教学方法，旨在培养学生的自主学习能力、实践操作能力、团队合作精神和创新能力。这种教学模式在许多国家和地区得到了广泛应用，并在教育改革中发挥着重要作用。

一、探究式学习的定义

探究学习（inquiry learning）的概念可以追溯至 20 世纪初，它是以模仿科学家研究自然的方式用于教学的一种模式，因此，也可以直接称为"科学探究学习"。1996 年，美国国家科学院发布《国家科学教育标准》，基本上延续了对"科学探究学习"的解释："科学探究指科学家们用来研究自然界并根据研究所获事实证据做出解释的各种方式。科学探究也指学生构建知识、形成科学观念、领悟科学研究方法的各种活动。"我们把学校课程中的"探究式学习"作如下界定：探究式学习是指学生围绕一定的问题、文本或材料，在教师的帮助和支持下，自主寻找或自主建构答案、意义、理解或信息的活动或过程。可见，探究式学习改变了学生以单纯地接受教师传授知识为主的学习方式，为学生构建了开放的学习环境。在这种开放的学习过程中，可以培养学生围绕研究主题主动收集、加工处理和利用信息的能力，使学生学会利用多种有效手段，通过多种途径获取信息，学会整理与归纳信息，学会判断和识别信息的价值，并恰当地利用信息，最终培养收集、分析和利用信息的能力，这种学习方式以探究为导向，提倡学生通过互联网，直接访问专家、搜索数据库、了解最新的报道，并在分析、综合和评价的基础上提出自己的解决问题方法，最大限度地发挥学生的创造性、创新性和自我学习的能力。可见，探究式学习强调学生通过自主参与学习活动，获得参与研究探索的亲身体验，教师通过引导和鼓励，培养学生发现问题、解决问题，收集、分析和利用信息的能力及合作能力。在探究学习的过程中，学生不断进取，勇于克服困难，学会了关心国家和社会进步，形成了积极的人生态度。

二、探究式教学的内涵与特点

1. 内涵

探究式教学，又称发现法、研究法，是一种教学方法。在这种教学模式下，学生在学习概念和原理时，教师仅提供一些事例和问题，引导学生通过阅读、观察、实验、思考、讨论、听讲等途径去独立探究，自行发现并掌握相应的原理和结论。探究式教学的指导思想是在教师的指导下，以学生为主体，让学生自觉地、主动地探索、掌握认识和解决问题的方法和步骤，研究客观事物的属性，发现事物发展的起因和事物内部的联系，从中找出规律，形成自己的概念。

2. 特点

（1）强调学生的主体地位：在探究式教学过程中，学生成为学习的主体，教师的角色是引导和协助学生进行探究。

（2）重视学生的自主能力：探究式教学鼓励学生自主探究、独立思考，培养学生的自主学习能力。

（3）注重实践与操作：学生通过实际操作、实地考察等方式获取实践经验，提高动手能力和综合素质。

（4）鼓励合作与交流：探究式教学鼓励学生之间的合作与交流，培养学生的团队合作精神和沟通能力。

（5）强调过程与结果并重：探究式教学既注重学生探究的过程，又注重学生最终掌握知识的结果。

（6）适应性较强：探究式教学模式可根据不同的教学内容、学生特点和实际情况进行调整，具有较强的适应性。

三、探究式教学的理论依据

所谓探究，其本来含义是探讨和研究。探讨就是探求、讨论学问；研究就是研讨问题、寻求真理以解决疑问。其理论依据是发现学习理论和建构主义理论，多元智能理论和教学相长理论。建构主义理论认为，知识不是通过教师讲授得到的，而是学生在一定的社会文化背景下，借助他人（包括教师、同学）的帮助，利用必要的学习材料和学习资源，通过意义建构的方式而获得的。多元智能理论指出，每个学生都有自己的优势智能领域，教师应多关注学生的个体差异，尊重学生的兴趣和特长，引导学生在探究过程中发挥自己的优势，挖掘潜能。教学相长理论认为，教师与学生在教学过程中相互启发、相互促进，共同成长。教师在探究式教学中要发挥引导作用，引导学生自主探究，并在过程中与学生共同探讨、共同进步。在实际教学过程中，探究式教学总体上包括探究性教学和研究性学习两个方面。探究式教学即在教师的引导下，以学生独立自主学习和合作讨论为前提，以现行教材为基本探究内容，为学生提供充分自由表达、质疑、探究、讨论问题的机会。学生通过个人、小组、集体等多种尝试活动，运用已有的知识和技能解决实际问题[14]。

四、探究式教学的实施策略

1. 创设情境，激发学生兴趣

教师应根据教学内容和学生的实际情况，设计富有挑战性、趣味性的问题情境，激发学生的探究兴趣，引导学生自觉地投入探究活动中。

2. 提出问题，明确探究目标

教师要引导学生明确探究目标，提出具有启发性、针对性的问题，让学生在探究过程中有所依据，提高探究效果。

3. 开放课堂，培养学生自主探究能力

教师要为学生提供充分的自主探究空间，鼓励学生发挥自己的主观能动性，通过实验、观察、讨论等方式积极开展探究活动。

4. 适时点拨，指导学生探究方法

教师要关注学生的探究过程，适时给予点拨和指导，帮助学生掌握正确的探究方法，提高探究能力。

5. 鼓励合作与交流，培养团队精神

教师要组织学生进行分组合作，让学生在探究过程中学会合作与交流，培养团队精神。

6. 总结与反思，提高探究品质

教师要引导学生对探究过程进行总结与反思，帮助学生认识自己的优点和不足，提高探究品质。

五、探究式教学的评价

过程评价：关注学生在探究过程中的表现，如积极性、独立性、合作精神等。

成果评价：评估学生在探究活动中所取得的成果，如知识掌握、能力提高、情感态度等。

教师评价：评价教师在探究式教学过程中的引导作用，如教学设计、教学方法、教学组织等。

学生自评与互评：鼓励学生对自己和他人在探究过程中的表现进行

自我评价和相互评价，以提高探究能力。

六、探究式教学模式的优点和缺点

1. 探究式教学模式的优点

（1）有利于学生主体地位的发挥

探究是从问题开始的，发现和提出问题是探究式教学的开端。在教学中，教师要善于创设问题，以问题为中心组织教学，将新知识置于问题情境当中，学生通过各式各样的探究活动，诸如观察、调查、制作、收集资料等，对实验的事实加以分析得出结论，参与并体验知识的获得过程，建构起新的认识，培养科学探究的能力。

（2）有利于培养学生的能力

在教学中，教师从学生的实际出发，善于通过实验、观察、阅读教材等途径调动学生的学习积极性，提供主动探求知识的宽松环境，在愉悦的情绪下，引导学生发现问题，学生根据自己已有的知识和各种材料的收集、整理，作出合理的解释。在"问题—实验事实—结论—应用"过程中[15]，学生的潜力得到充分发挥，思维更加活跃，也使他们懂得了如何通过有效的探究方式获得新知。

（3）有利于培养学生的合作意识

在探究教学中常常需要分组制订工作计划、分组实验和调查，需要讨论、争论和意见综合等合作学习。合作学习能扩展学生的视野，使学生看到问题的不同侧面，接受自己和他人的观点并对其进行反思或批判，从而建构起新的和更深层次的理解，同时也增强了学生的团队精神和合作意识。

2. 探究式教学模式的缺点

（1）教师的问题。探究式教学模式的研究要求教师更深入理解教学的本质并掌握一些教学策略和技巧。例如，教师怎样提问、怎样设置问题情境、怎样收集信息及解决问题、怎样运用现代化教学方法和教学手段等，对教师提出了更高的要求。如教师提出问题或者启发学生提出问题时，要注意提出的问题既要有探索的空间，又不能脱离教学内容；提问既要有一定的难度，又必须让学生能够通过探究活动得到解答。如果教师对教学本质认识不够，提出的问题不恰当，则探究效果必然会很差。

（2）学生的问题。学生围绕问题进行探究，虽然发挥了学生的主观能动性，但在对问题探究的深度把握上很难得以控制。如果学生对问题探究得过深，但理论知识还未达到这种深度，则学习积极性必然受挫。

（3）分组的问题。学生通过分组合作学习虽然在一定程度上增强了团队精神和合作意识，但如何根据学生的具体情况恰当分组很难控制。

总之，在实施探究式教学时，教师应关注学生的需求和兴趣，合理设计教学内容和探究活动，引导学生逐步掌握探究方法，提高教学效果。同时，要加强探究式教学的评价，以确保教学目标的实现。通过不断地实践与探索，探究式教学模式将在我国教育改革中发挥更加重要的作用。

第二节　协作学习教学模式

协作学习就是由多个学习者，在交互与合作中共同完成某项学习任务与学习活动[16]。它以建构主义理论和人本主义学习理论为基础，是一种通过小组或团队的形式组织学生进行学习的一种方法，学习者根据合作主题，借助一些手段结成学习伙伴，协商设计合作方案，讨论、探索，并开展合作行动，最终完成学习任务。

一、协作学习教学模式的理论依据

协作学习教学模式的理论依据主要来源于社会心理学、教育心理学和认知心理学等领域。以下是几个重要的理论依据。

1. 社会心理学基础：合作学习理论的良好社会心理学基础来源于对人类合作行为的深入研究。当人们聚集在一起为一个共同目标而努力时，相互依赖和团结成为推动个体努力的动力。合作学习的核心理念在于促进个体之间的相互勉励、帮助和关爱，以提高学习效果。

2. 教育心理学理论：教育心理学强调学习过程中个体与个体之间的互动，认为这种互动有助于提高学习效果。协作学习模式将学生组织成小组，通过互相讨论、交流和合作完成任务，从而促进学生之间的互动，提高学习成效。

3. 认知心理学理论：认知心理学着重于个体在学习过程中的信息处理和思维方式。在协作学习环境中，学生可以共享资源和观点，相互补充知识和技能，从而增进对复杂问题的理解和解决。此外，协作学习有助于培养学生的团队精神、沟通能力和批判性思维能力。

4. 建构主义学习理论：建构主义认为，学习是一个个体主动构建知识的过程。在合作学习环境中，学生可以通过与同伴互动、讨论和探究，共同构建知识体系，从而能更好地理解和掌握所学内容。

5. 自我调节学习理论：自我调节学习理论指出，个体在学习过程中的自我监控和调节能力对学习成果具有重要影响。在协作学习中，学生需要共同制订学习计划、分工合作、相互监督和评价，从而培养自我调节能力。

综上所述，协作学习模式具有扎实的理论依据，这些理论强调了在学习过程中个体之间互动、合作和团结的重要性。通过协作学习，学生可以更好地掌握知识，提高学习成效，同时培养相互沟通、团队合作和自我调节等多方面的能力。

二、协作学习教学模式的优点

协作学习教学模式的核心是让学生在互动与交流中"共同"去完成某项学习任务。协作学习能调动学生的积极性，充分发挥学生的潜能，有效增进学生对知识的理解与掌握，实现对知识的融会贯通。协作学习教学模式，强调学生之间的沟通与交流，有利于培养学生之间的人际交往能力、协作能力，增强团体意识。协作学习是一种教育方法，通过这种方法，学生合作完成任务，共同解决问题，从而提高自己的知识和技能。与传统的独立学习相比，协作学习有许多优点，列举如下。

1. 提高学习成效：协作学习有助于提高学生的学习成效。在团队合作中，学生可以相互交流、讨论和分享知识，这有助于巩固记忆，加深对知识的理解。研究表明，协作学习能有效提高学生的学术成绩。

2. 培养团队合作精神：协作学习强调学生之间的互动和合作，有助于培养团队合作精神。通过共同解决问题，学生需要沟通、协调、互相支持，这有助于提高他们的人际交往能力，为将来进入职场打下基础。

3. 激发学习兴趣：协作学习使学习过程更加有趣。在团队合作中，学生可以相互激励，挑战自我，这有助于激发学生的学习兴趣和提升积极性。此外，协作学习使学习变得更具互动性，让学生在轻松愉快的氛围中提高自己的能力。

4. 增强自信心：在协作学习过程中，学生可以相互帮助，克服困难。这有助于增强学生的自信心，让他们相信自己有能力解决问题。此外，通过团队合作，学生可以获得来自同伴的肯定和认可，进一步提升自己的自尊心。

5. 提高沟通能力：协作学习要求学生进行有效的沟通，以确保团队目标的实现。在这个过程中，学生可以学会倾听、表达、说服和协调等沟通技巧，这对他们未来的发展具有重要意义。

6. 增加学习资源：协作学习使学生可以运用彼此的知识和资源。团队成员可以相互借鉴、补充和完善，形成一个丰富的学习资源库。这有助于提高学习效率，使学生快速达到学习目标。

7. 促进反思和自我调整：在协作学习过程中，学生需要不断反思自己的行为和表现，以确保团队目标的实现。这有助于学生养成良好的自我调整能力，及时发现和纠正错误。

8. 拓宽思维视野：协作学习鼓励学生从不同的角度思考问题，这有助于拓宽过程他们的思维视野。在团队合作中，学生可以接触到各种不同的观点和想法，从而激发创新思维。

9. 增强解决问题的能力：协作学习要求学生共同解决问题，这有助于增强他们解决问题的能力。在团队合作中，学生需要分析问题、制订解决方案，并协调一致来实现目标。

10. 适应社会需求：现代社会对团队合作和沟通能力有着较高的要求。通过协作学习，学生可以更好地适应社会需求，为未来的发展奠定坚实基础。

在教育教学实践中，教师应充分利用协作学习模式，促进学生的全面发展。

三、协作学习教学模式的缺点

1. 并非所有的教学内容都适合协作学习，要分析学生的特征，了解学生的学习能力，然后再根据教学目的确定哪些教学内容适合采用协作学习教学模式。

2. 协作学习中，小组成员间的协同合作是实现班级学习目标的有机组成部分。目前，众多学校班级规模过大，学生过多，给分组、座位排列带来一定的困难。

3. 协作学习教学模式的课堂气氛难以控制，教学目标难以完成。同时，协作学习师生合作意识和技能，生生合作、沟通的有效性，小组内的资源共享、信息的互补和增值等都需要进一步研究，提高针对性和操作性。

4. 协作学习还需要借助一定的信息资源，如在互联网环境中检索到的信息、需要计算机支持下的通信交流手段等，这些条件有的无法满足需求。

第三节　自主学习教学模式

自主学习教学模式，就是教师主要基于课堂教学和校内活动的环境，通过有意识地培养学生主体意识，激发学生学习兴趣，指导和训练学生掌握学习方法，懂得自定目标、自选方法、自我调控、自我评价，从而逐步实现学生自主学习的一整套教学结构体系，其理论依据是建构主义理论。在实际教学中，教师通过"鹰架作用"[17]，对引发思考欲望的问题情境进行探索，收集信息，与同学交流，与教师探讨，挖掘自身的潜力，使学生获得真正的自主学习能力。

一、自主学习教学模式的理论依据

自主学习教学模式是一种以学生为中心，强调学生自主性、自律性和创新性的教学模式。其理论依据主要来源于建构主义学习理论、人本主义学习理论、认知心理学以及教育教学实践。以下对这几个自主学习教学模式的理论依据进行论述。

1. 建构主义学习理论

建构主义理论强调了学习者的认知主体作用，同时不能忽视教师的主导作用。学生是信息加工的主体，是意义的主动建构者。建构主义理论为自主学习教学模式提供了重要的理论支撑，强调学生的主体地位和自主学习能力。

2. 人本主义学习理论

人本主义学习理论主张以人为本，关注学生的个体差异，强调学生的情感、兴趣和动机。人本主义认为，教学过程中应充分尊重学生的自主性、独立性和创造性，为学生营造宽松的学习氛围，使学生充分发挥自己的潜能。自主学习教学模式在人本主义学习理论的指导下，关注学生的个性化需求，倡导以学生为中心的教学理念，强调学生的自主学习和自我实现。

3. 认知心理学

研究表明，人类的认知过程具有主动性和建构性。学习者在学习过程中不是被动地接受信息，而是主动地加工和建构知识。认知心理学认为，学习者通过对外部信息进行感知、思考、组织和表达，将新知识与已有知识结构相融合，从而实现对知识的主动建构。自主学习教学模式正是基于认知心理学的观点理论，强调学生的主体地位和自主学习能力，鼓励学生积极参与教学过程，主动探究和建构知识。

4. 教育教学实践

自主学习教学模式在我国的教育教学实践中得到了广泛的应用和验证。近年来，随着教育改革的深入推进，越来越多的教师开始关注学生的自主学习能力培养，尝试将自主学习教学模式融入课堂教学。通过实践，教师发现，自主学习教学模式有助于提高学生的学习兴趣、动机和自信心，促进学生的全面发展。这为自主学习教学模式提供了有力的实践依据。

二、自主学习教学模式的优点

自主学习教学模式强调培养学生的主体性、创造性、参与性和合作性，以提高学生的整体素质为目标，通过诱导学生主动参与，引导学生自主探索，启发学生发现规律，达到开发学生潜能的目的。此种教学模式旨在改变学生的态度，从消极被动地学习转为积极主动地学习，变苦学为乐学，让学生真正成为学习的主人，从而提高教学效率。

1. 提高学生的自主学习能力：自主学习教学模式强调学生的主体地位，使学生能够在教学过程中主动参与、主动探究，进而提高学生的自主学习能力。

2. 培养学生的创新精神和批判思维：自主学习教学模式鼓励学生勇于挑战权威，敢于提出不同的观点，有助于培养学生的创新精神和批判思维。

3. 关注学生的个体差异：自主学习教学模式以人为本，关注学生的个性化需求，有助于挖掘学生的潜能，促进学生的全面发展。

4. 提高学生的学习兴趣和动机：自主学习教学模式强调学生的兴趣和动机，使学生在学习过程中保持积极的心态，提高学习成效。

5. 培养学生的团队合作能力：自主学习教学模式鼓励学生进行团队合作，共同解决问题，有助于培养学生的团队合作能力。

三、自主学习教学模式的缺点

1. 对学生自主学习能力的依赖较高

自主学习教学模式要求学生具备较强的自主学习能力，能够独立制订学习计划、调整学习策略和评估学习成果。然而，部分学生可能缺乏必要的自主学习能力，导致在实施自主学习教学模式时效果不佳。此外，不同学生的自主学习能力存在差异，这也使自主学习教学模式的推广和应用受到限制。

2. 学生之间的差距可能导致资源不均衡

在自主学习教学模式中，学生可以根据自己的需求和兴趣选择学习资源。然而，这可能导致学生之间的资源差距扩大。一些自律性较差、学习能力较弱的学生可能无法充分利用现有资源，进而影响其学习效果。

3. 学习成果的评价难度较大

在自主学习教学模式下，学生自主制订学习的计划和目标，学习过程和成果的评价变得更为复杂。教师难以直接观察和把控学生的学习过程，导致对学生的学习成果评价存在一定的主观性和不确定性。

4. 教师角色转变的挑战

在自主学习教学模式下，教师需要从传统的知识传授者转变为学生学习的引导者、协助者和导师。这种角色转变对教师的教育观念和教学技能都提出了更高的要求。部分教师可能难以适应这种转变，影响自主学习教学模式的实施效果。

5. 课堂氛围的控制[51]

在自主学习教学模式下，学生之间的互动和合作更加密切，课堂氛围对学生的学习效果具有重要影响。若课堂氛围不佳，过于嘈杂，使得学生缺乏专注力，可能导致学生的学习效果受到影响。

6. 学习资源的保障和更新

自主学习教学模式要求学生具备丰富的学习资源，以满足不同学生的个性化需求。然而，保障和更新学习资源需要投入大量的时间和精力，尤其是在当前信息化时代，资源的更新速度较快，这对学校和教师提出了更高的要求。

7. 学生心理压力的应对

自主学习教学模式下，学生需要承担更多的学习责任和压力。对于一些心理素质较差的学生，可能导致焦虑、抑郁等心理问题。教师和家长需要关注学生的心理健康，给予适当的引导和支持。

8. 合作学习中可能出现的问题

在自主学习教学模式下的团队合作学习中，可能出现学生之间的交流不足、分工不明确、责任不落实等问题。这可能导致团队合作的效果不佳，甚至影响学生学习的积极性。另外，目前对自主学习的研究还处于发展之中，各个学派在自主学习的很多问题上观点各不相同，因此将它们整合成一套系统的理论和方法来指导课堂教学较为困难。我国在自主学习的研究活动中，更多的是从微观方面进行研究，着重研究从学生的某些方面来促进学生的自主学习。而从宏观方面研究的很少，即凸显学生的自主学习过程的研究以及各个环节系统论述的研究很少[18]。

综上所述，从以上列举的几种典型的教学模式上看，每种教学模式都具有可模仿性和可操作性，同时也具有一定的局限性，教师不能盲目照搬和机械套用。实践中的教学活动是具体的，许多教学因素都不是固定的，在实际教学中，课本的知识复杂多样，性质体系各不相同，对学生情感、智力水平发展的要求也不尽相同。因此，为了有效地实现教学目标，教师要随着教学条件、内容和要求的变化，适时灵活地进行嫁接改造、组合切换，发展创造出适合教育理念的新型教学模式。基于时代的要求、现代教育理念以及多年的教学实践，本书尝试建构了多维教学模式，该模式综合了多种教学模式的优势，以培养学生的实践探索能力、创新能力、协作能力为突破口，实现对以往所建构的教学模式的一种超越。

第三章　程序设计语言及其教学模式

程序设计的基本概念有程序、数据、子程序等。程序是程序设计中最为基本的概念，程序设计是软件开发工作的重要部分，而软件开发是工程性的工作，所以要有规范。语言影响程序设计的功能以及软件的可靠性、易读性和易维护性。专用程序为软件人员提供合适的环境，便于进行程序设计工作。

第一节　计算机程序简介

计算机程序或称为软件（Software），简称程序（Program），是指为了得到某种结果，由计算机等具有信息处理能力的装置执行的代码化指令序列，或可以被自动转换成代码化指令序列的符号化指令序列以及符号化语句序列。是一组指示计算机或其他具有信息处理能力装置执行动作或做出判断的指令，通常用某种程序设计语言编写，运行于某种目标体系结构上。计算机程序是计算任务的处理对象和处理规则的描述。任何以计算机为处理工具的任务都是计算任务。处理对象是数据或信息，处理规则反映处理动作和步骤。

一、计算机程序的分类

计算机程序分为系统程序和应用程序两大类。系统程序主要负责管理计算机硬件资源和提供基础服务，如操作系统、编译器、驱动程序等。系统程序的主要任务是确保计算机硬件资源的合理分配、有效利用和安全性保障。应用程序则是为特定任务或问题而设计的，用于满足用户需求，如文本处理、电子表格、游戏等。应用程序根据用户需求而设计，具有丰富的功能和良好的用户界面。

二、计算机程序的编写与运行

计算机程序的编写需要遵循一定的编程规范和语法规则，不同的编程语言有不同的语法特点。常见的编程语言有 C、Java、Python、JavaScript 等。编写完成后，计算机程序需要通过编译器将指令转换为计算机可以执行的机器码。编译型语言（如 C、C++）在运行前需要将源代码完全编译为机器码，而解释型语言（如 Python、JavaScript）则是边解释边执行。在运行过程中，计算机按照程序指令的顺序执行，完成相应的任务。程序执行过程中可能会涉及数据的输入、输出、存储和运算等操作。

如前所述，人们正是通过编写程序（programming）来让计算机帮助我们解决各种各样的问题。这个过程一般可以分为以下 4 个步骤。

1. 需求分析。当我们拿到一个问题以后，首先要对它进行分析，弄清楚我们的核心任务是什么、输入是什么、输出是什么等。例如，假设我们要编写一个程序，实现从华氏温度到摄氏温度的转换。显然，对于这个问题来说，输入是一个华氏温度，输出是相应的摄氏温度，而我们的核心任务就是如何来实现这种转换。

2. 算法（algorithm）设计。对于给定的问题，采用分而治之的策略，把它进一步分解为若干个子问题，然后对每个子问题逐一进行求解，并用精确而抽象的语言来描述整个求解过程。算法设计一般是在纸上完成的，最后得到的结果通常是流程图或伪代码的形式。

3. 编码实现。在计算机上，使用某种程序设计语言，把算法转换成相应的程序，然后交给计算机去执行。如前所述，我们只能使用计算机能够看懂的语言来跟它交流，而不能用人类的自然语言来对它发出指令。

4. 测试与调试。我们在编写程序的时候，由于疏忽，经常会犯一些错误，如少写了一个字符、多写了一个字符或拼写错误等，但是计算机是非常严格的，或者说是非常苛刻的，它不允许有任何的错误存在，哪怕是再小的错误，它也会给你指出来。所以在编完了程序以后，我们通常还要进行测试和调试，以确保程序正确运行。

三、计算机程序的应用领域

计算机程序广泛应用于各个领域，如科学研究、工程计算、数据分析、文本处理、图形图像处理、音频视频处理等。随着信息技术的发展，计算机程序在现代社会中发挥着越来越重要的作用，已经成为社会生产和生活中不可或缺的一部分。

四、计算机程序的未来发展

随着人工智能、大数据、云计算等技术的迅猛发展，计算机程序将面临更多的创新和变革。未来的计算机程序将具备更强的自适应性、智能化和人性化特点，以满足不断增长的用户需求。同时，计算机程序的编写和维护也将变得更加简单高效，提高开发者的生产力。

总之，计算机程序作为信息技术的基石，其发展前景十分广阔。在科技进步的推动下，计算机程序将继续为人类社会带来更多便利和价值。

第二节　程序设计原则

程序设计是计算机科学的重要组成部分，它涉及多个方面，如数据结构、算法、软件开发等。在程序设计中，遵循一些设计原则可以提高代码的质量和可维护性。一些重要的程序设计原则[36]，分为以下几个方面：

一、模块化设计原则

单一职责原则：一个模块应该只具有一个明确的职责。这意味着模块之间的耦合度应该尽量降低，每个模块都具有独立的功能。遵循单一职责原则有助于提高代码的可读性和可维护性。

开放封闭原则：模块应该对扩展开放，修改封闭。这意味着模块应该具有良好的扩展性，能够在不需要修改原有代码的情况下进行功能的扩展。

模块间的接口应该简单明了，易于理解和使用。尽量减少模块间的依赖关系，提高模块的独立性。

二、数据结构和算法设计原则

最适合的数据结构：在设计程序时，应根据实际需求选择最适合的数据结构。例如，使用数组存储大量数据，使用链表实现动态数据结构等。

算法效率：在设计算法时，要考虑算法的执行效率。尽量避免低效的算法，提高程序的运行速度，即空间复杂度和时间复杂度。空间复杂度：在设计算法时，要考虑空间复杂度。尽量减少不必要的内存使用，避免内存泄露。时间复杂度是用于描述算法或程序执行时间与输入规模之间关系的量度，能够帮助我们了解算法或程序在不同输入规模下的性能表现。在实际应用中，我们通常追求时间复杂度较低的算法，以提高程序的性能，了解程序的性能瓶颈，为优化算法提供依据。

三、编码规范和风格

代码风格：遵循统一的编码风格，提高代码的可读性，如缩进、命名规范、注释等。命名规范：使用有意义的变量和函数名，避免使用模糊或过于简化的命名。注释：对关键代码段添加注释，说明代码的功能和实现原理。这有助于他人理解和维护代码。

四、可维护性原则

易于测试：设计易于测试的代码，意味着要遵循一些测试原则，如高内聚、低耦合等。代码重构：定期对代码进行重构，消除重复代码，提高代码的可读性和可维护性。文档化：为代码添加文档，说明代码的功能、实现方法和注意事项。这有助于他人理解和维护代码。

五、性能优化原则

代码优化：在编写代码时，要关注性能优化。例如，使用高效的算法、减少不必要的计算、避免全局变量等。资源管理：在程序中合理管理资源，如内存、文件、数据库连接等。避免资源泄露和冲突。并发编程：合理使用并发编程技术，提高程序的执行效率。如多线程、异步编程等。

六、安全性原则

输入验证：对用户输入进行验证，确保输入数据的正确性和安全性。输出编码：对输出数据进行编码，防止跨站脚本攻击等安全问题。访问控制：实现访问控制机制，保护敏感数据和资源。

综上所述，遵循程序设计原则有助于提高代码的质量和可维护性。在实际编程过程中，程序员应该不断学习和实践，形成自己的编程风格和习惯。同时，也要关注新兴的技术和设计模式，不断更新自己的知识体系。

第三节　程序设计语言的发展史

20 世纪 40 年代第一台电子计算机被发明，从那以后计算机的程序人员都是靠手动来控制计算机的，这样操作非常不便。在这个过程当中，德国工程师楚泽最早想到了利用编程语言的方式来解决这个问题。虽然没有完整的模式，但是这就是最初的计算机编程语言的前身。随着社会实际需求的增加，计算机的程序也变得越来越复杂化，为了顺应需求，新的集成、可视化的开发环境开始慢慢地流行起来。只要几个键就可以搞定一整段代码，这样一来大大地节约了时间、金钱以及人力。后来随着高级语言的出现，如 C，Pascal，Fortran 等，使得程序人员彻底从计算机前解放了出来。到了 60 年代的末期，计算机编程语言出现了前所未有的危机，在当时的程序设计模型中还无法克服错误。随着代码量的增加，这个时候面向对象的语言应运而生，Java 等程序设计语言也随着诞生，计算机编程语言又进入了一个新的纪元。随着实际需求的增加，为了顺应实际的需求，计算机编程语言的发展速度非常快。在信息化时代的今天，计算机编程语言的发展已相对趋于平稳，各方面的机制都比较成熟。具体如下。

计算机程序设计语言，通常简称为编程语言，是一组用来定义计算机程序的语法规则。它是一种被标准化的交流技巧，用来向计算机发出指令；一种让程序员能够准确地定义计算机所需要使用的数据，并精确地定义在不同情况下应采取的行动的计算机语言。计算机程序设计语言的发展，经历了从机器语言、汇编语言到高级语言的历程。

一、机器语言

机器语言是计算机最早的编程语言，是直接用二进制代码指令表达的计算机语言，指令是用 0 和 1 组成的一串代码，它直接使用计算机硬件的指令集进行编程。机器语言编写效率低，可读性差，但执行效率高，针对特定硬件的程序能够充分发挥硬件功能。不同型号的计算机其机器语言是不相通的，按照一种计算机的机器指令编制的程序，不能在另一种计算机上执行。

二、汇编语言

机器语言虽然执行速度快，但难记，不容易理解。为了提高编程效率，人们开始对机器语言进行改进，用一些简洁的英文字母、符号串来代替一个特定的指令的二进制串，这种用助记符描述的指令系统的语言，就是汇编语言。它相对于机器语言有一定的可读性，但仍然依赖于特定的计算机硬件并能直接控制硬件的语言，属于第二代计算机语言，但其移植性不佳。人们使用助记符编写程序后，为使计算机能够接收，要借助"汇编程序"把编好的程序逐条翻译成二进制编码的机器语言，这种翻译过程称为汇编。虽然汇编语言比机器语言进了一步，但汇编语言与机器语言很像，都是直接面向机器的，依旧是符号形式的机器语言，执行效率和理解上都很差。

三、高级语言

无论是机器语言，还是汇编语言，编程过程都是非常枯燥和费时的，这时人们意识到，如果采用接近于数学语言或人的自然语言的语言，同时又不依赖于计算机硬件，并且编出的程序能在所有机器上通用，这样就会使编程更加容易。经过努力，早期的高级语言产生了，早期高级语言的代表是 1954 年推出的 Fortran。这种语言与自然语言和数学表达式相当接近，不依赖于计算机型号，通用性较好。结构化高级语言的代表是 Pascal 和 C 语言。这种语言基于结构化程序设计，避免了使用 GOTO 语句，将复杂的流程图转换成标准的形式，可以用几种标准的控制结构（顺序、分支和循环）通过重复和嵌套来表示。面向对象语言的代表有 C++、Java 和 Python 等。这种语言与具体应用无关，但能相互组合，完成具体的应用功能，同时又能重复使用。对于使用者来说，只关心它的接口（输入量、输出量）及能实现的功能，至于如何实现的，那是其内部的事，使用者完全不用关心。

功能编程语言：20 世纪 90 年代，功能编程语言（如 Haskell、Scala等）出现，强调函数和纯函数的编写，可提高代码的可读性和可维护性。并发编程语言：随着多核处理器的普及，并发编程语言（如 Erlang、Go 等）应运而生，它提供高效的并发编程模型，解决多核处理器上的并发问题。人工智能编程语言：近年来，随着人工智能的兴起，出现了专门针对人工智能领域的编程语言，如 TensorFlow、PyTorch 等，它们能够高效地处理大量数据和复杂的机器学习算法。

总之，程序设计语言的发展史是一个不断追求更高抽象程度以及更易于理解和维护的过程。每个阶段的语言创新都为下一阶段的语言发展奠定基础，使编程更加便捷、高效。随着计算机科学的发展，未来的程序设计语言可能会更加人性化，更加符合人类的思维方式，让更多人能够参与到计算机科学的创新中来，随着科技的进步和应用场景的丰富，我们有望看到更多具有创新性和多样化的编程语言。

第四节　程序设计语言课程的教学模式

程序设计语言课程的教学模式旨在培养学生的计算机编程思维、编程技能和实践能力。为了实现这一目标，可以从以下几个方面进行教学设计和组织。

一、理论教学与实践操作相结合

理论教学是基础，主要包括编程语言的语法、语义、数据结构和算法等内容。实践操作则是让学生通过实际编写代码来巩固和深化理论知识。两者相结合，可以让学生在理解编程语言基本概念的同时，培养编程能力。

二、案例分析

通过分析典型案例，让学生了解编程语言在实际应用中的具体使用方法和技巧。教师可以选择具有代表性的实际项目或典型问题，讲解其解决方案和实现过程,从而激发学生的学习兴趣,并提高其解决问题的能力。

三、项目驱动教学法

以实际项目为背景,让学生在完成项目的过程中学习编程语言。教师可以设计一系列逐步推进的项目,让学生在实现项目目标的过程中掌握编程技能,形成实际的应用能力。

四、小组协作模式

鼓励学生团队合作,共同完成编程任务。教师可以将学生分组,让学生在团队合作中提高编程能力和沟通技巧。此外,小组协作也有助于培养学生的团队精神和合作意识。

师生互动:教师应及时关注学生的学习进度和问题,与学生进行互动交流,解答疑问,指导学习方法。教师还可以组织课堂讨论或线上答疑,提高学生的学习兴趣和积极性。

五、分层教学模式[41]

针对不同基础和兴趣的同学,实施分层教学。教师可以设置不同的教学目标和教学内容,让学生根据自己的能力选择合适的等级进行学习,从而实现个性化教育。另外,除了核心课程的内容之外,教师还可以为学生提供拓展教学,包括编程技术前沿、编程竞赛、软件工程等方面的知识,这有助于培养学生的创新意识和综合能力。

六、校企合作模式

与企业合作,安排学生进行实习或实训,使其更好地了解实际工作场景，提高职业素养。同时，企业也可以为学生提供就业指导和实践机会。

总之，目前的程序设计语言课程的教学模式注重理论知识与实践操作相结合，以项目驱动、小组协作、分层教学、校企合作模式等方式在一定程序上提高了学生的编程能力和综合素质。但是，影响学生编程能力和综合素质的因素是多方面的，所以上述程序设计语言的教学模式有一定的局限性。教师也应关注学生的学习进度和问题，给予评价和反馈，鼓励学生持续学习和创新；也应关注教学内容，通过优化教学内容和方法以及创新教学模式，提高编程教育的质量和效果，为我国软件产业培养更多高素质的编程人才。

第四章　程序设计类课程教学模式的实践探索（一）
——多维教学模式

第一节　多维教学模式的内涵

"多维"是指多角度、多层次、多性能、多功效的意思；多维教学模式是以现代教育技术为主导，将现代教育技术与教学中的主要因素如教材、教师、学生、教学活动和教学环境有机联系起来，构成多维的结构。并且在多维教学模式的因素中，教材、教师、教学活动等因素又是多维的，从而产生了此模式独有的特点和功能。

多维教学模式是引导学生运用现代教育理念、方法和手段，多渠道、多角度地获取知识，从而能够在多维教学活动中更好地发现、分析和解决问题，完成对知识的建构，并能通过网络进行合作学习和知识交流。

多维教学模式可定义为在人本主义理论、建构主义理论和多元智能理论的指导下，运用现代教育技术手段，综合已有教学模式的优点，通过从多种角度根据不同的教学内容进行多层次、多手段的教学，以激发学生的学习兴趣和学习动机，提高教学效果的一种现代教学模式。

第二节　多维教学模式的理论依据

"无论何种教学模式都是一定的教育思想、教育观念的产物，且与一定的教育环境、教育技术相联系。"因而任何一种教学模式的建立都需要有成熟的理论基础，符合一定的教育理念。多维教学模式主要依据人本主义理论，建构主义理论和多元智能理论。

一、人本主义理论

人本主义心理学是 20 世纪五六十年代在美国兴起的一种心理学思潮，其主要代表人物是马斯洛（A. Maslow）和罗杰斯（C. R. RogerS）。

以罗杰斯为代表的人本主义心理学家对学习理论有以下观点：强调"学生中心"，重视"自我概念"的发展，重视学生的自由和个人选择，主张有意义学习，提倡促进学生要会学习。

罗杰斯认为，人天生就有寻求真理、探索秘密和创造的欲望，以及主动学习的潜能，学习过程就是这种潜能自主发挥作用的过程，教学必须以学生为中心，把学生视为教学活动的主体，尊重学生的个人经验，创设情境，设法满足学生渴望学习的天性；学生对个人学习内容的选择，期望达到的目标，往往取决于其自己的看法，只有学生从理智和情感上都自发地学习才能最持久、最深刻。

由于人本主义强调教学的目标在于促进学习，因此学习并非教师以"填鸭式"教学强迫学生无助地、顺从地接受枯燥乏味的知识，而是在好奇心的驱动下去自觉吸收任何有趣和需要的知识。罗杰斯认为,学生学习主要有两种类型:认知学习和经验学习,其学习方式也主要有两种:无意义学习和有意义学习,并且认为认知学习和无意义学习、经验学习和有意义学习是完全一致的,因为认知学习的很大一部分内容对学生是没有个人意义的,它只涉及心智,而不涉及感情或个人意义,是一种"在颈部以上发生的学习",因而与完人无关,是一种无意义的学习。而经验学习以学生的经验成长为中心,以学生的自发性和主动性为学习动力,把学习与学生的愿望、兴趣和需要有机地结合起来,因而经验学习必然是有意义的学习,能有效地促进个体的发展。

罗杰斯认为,意义学习主要包括四个要素[19]:第一,学习具有个人参与(personal involvement)的性质,即整个人(包括情感和认知两方面)都投入学习活动;第二,学习是自我发起的(self-initiated),即便推动力或刺激来自外部,但渴望发现、获得、掌握和领会的这种感觉是来自内部的;第三,学习是渗透的(pervasive),也就是说,它会使学生的行为、态度,乃至个性都发生变化;第四,学习是由学生自我评价的(evaluated by the learner),因为学生最清楚这种学习是否满足自己的需要,是否能帮助他(她)获得想要知道的东西,是否知道了自己原来不甚清楚的某些方面。

罗杰斯的人本主义理论对多维教学模式的启示体现为,我们在教学过程中要发挥学生潜能,尊重学生的个性,促进学生的自我实现,为学生创造发展提供自由,发挥学生学习的自主性,以学生为主体,培养学生的探索和创新能力。

二、建构主义理论

建构主义(constructivism)也译作结构主义,其最早提出者可追溯至瑞士的皮亚杰（J. Piaget）。后来经过许多认知理论家的进一步研究，使建构主义理论得到进一步的丰富和完善，为实际在教学过程中的应用创造了条件。

1. 建构主义知识观

建构主义者强调："知识并不是对现实的准确表征，它只是一种解释、一种假设，它并不是问题的最终答案。""学生对知识的接受，只能靠他自己的建构来完成，以他们自己的经验、信念为背景来分析知识的合理性。学生的学习不仅是对新知识的理解，而且是对新知识的分析、检验和批判。"[20] 在教学过程中，学生要习得新的知识只能靠他（她）自己的建构来完成，借助教学情境、社会文化背景、个人的经验、信念等对知识产生新的理解，从而吸收新的知识。多维教学模式具有的多维结构使学生与学习内容之间能建立起直接、紧密的联系，便于学生主动地建构知识。

2. 建构主义学习观

建构主义者认为，学习是获得知识的过程，但"知识不是通过教师传授得到的，而是学习者在一定的情境即社会文化背景下，借助其他人（包括教师和学习伙伴）的帮助，利用必要的学习资料，通过意义建构的方式而获得"。[21] 社会文化背景与学习情境对于学生习得知识具有很重要的意义。他们还强调"学习者对自己的认知过程的意识和调控"[22]，学生要理解知识的建构过程，要能够对外部信息做出主动的选择与加工。在教学中，要为学生创设生动、逼真的情境，支持学生用自己的理解方式去学习知识。多维教学模式具有的多维性特征可以从学生的维度出发来组织、安排教学活动，注重学生的学习主体地位，用现代教育技术再现或创设学习情境，从而实现学生对知识的重组与意义建构。

3. 建构主义教学观

建构主义者认为："教学要把学生现有的知识经验作为新知识的生长点，引导他们从原有的知识经验中'生长'出新的知识经验。"[23]"教学的主要目的是发展学生形成并捍卫自己观点的能力，同时又能尊重其他人的观点并与他人共同协商与合作，共同建构意义。"[24]"学生是信息加工的主体，是意义的主动建构者，而不是外部刺激的被动接受者和被灌输的对象。""教师不应被看成'知识的授予者'，而应成为学生学习活动的促进者。"教师需要提供必要的经验，帮助创设接近真实世界的情境，提供充分的信息资源，鼓励学习者进行对话和协作。多维教学模式有助于学生与外界建立广泛的联系，便于学生从不同的渠道获取信息，便于学生与他人的合作与交流。

三、多元智能理论

1983 年，美国心理学家加德纳（Howard Gardner）在《智力结构》（*Frames of Mind*）中，提出了"多元智力"（multiple intelligence）的概念。他认为人类的认知本领最好用一组能力、才能或心理技能也即我们称为"智能"的东西来描述。每个正常的人都在一定程度上拥有其中的多项技能，人类个体的不同在于所拥有的技能的程度和组合方式不同。

根据目前的研究，加德纳认为人有八种智能[25]，即语言智能、数学逻辑智能、音乐智能、身体运动智能、空间智能、人际关系智能、自我认识智能和自然智能。每个人生来就在某种程度上具备这八种智力的潜能，环境和教育对于能否使这些智力潜能得到开发和培育有重要作用。人与人的差别，主要在于人与人所具有的不同的智能组合。

这种智能多元化理论产生了"以个人为中心"的学校观点，与"统一规划"的学校发展方向有本质的不同。这种学校观点认为，应对每个学生的认知特点给予充分的理解，并使之得到最好的发展。它是在两个假设基础上设计的，第一个假设是并非所有的学生都采用相同的方法学习，第二个假设是当代没有人能够学会需要学会的一切东西。学校应该在评估学生个体的能力和倾向方面富有经验，它不但要寻求和每个学生相匹配的课程安排，而且要寻求与这些课程相适应的教学方法。

加德纳的多元智能理论对多维教学模式的启示：由于人的智力是多维的，所以在进行教学时，我们要考虑是否能够促使人全面发展，从而全方位提高能力；在教学过程中，我们应认真对待每个学生的兴趣和目标，尽最大的可能帮助他们挖掘自己的潜能，使越来越多的学生发现自己的专长，增强学生的自信心，使之成为团体中的有用之才，同时也最大限度地增加学生发挥其智力潜能的可能性；同样的教学内容，应该针对不同学生的智力特点进行教学，创造适合不同学生接受能力的教育方法与手段，并能够促进每个学生全面的、多元智力的发展，在教学中真正做到因材施教。

第三节　教学目标

教育目的是对各级各类学校教育的总体规定和要求，具有高度的概括性和抽象性。我国的教育目的是培养适应社会主义现代化要求的一代又一代有理想、有道德、有文化、有纪律的公民。然而，这种普遍适用的教育目的若要进一步落实，还必须有培养目标，培养目标是具体化的教育目的。

根据多元智能理论、建构主义理论和人本主义理论的内在要求，以及当前高等院校对大学生的培养要求，本书提出的多维教学模式设定了以下四点教学目标。

1. 期望通过该模式的科学运用激发学生的学习兴趣，促使学生主动学习，学生的学习兴趣是其有效的内在动力，这种动力是创造的前提。基于多维教学模式的教学要求，教师要从不同层面加强学生对知识的理解，运用不同的方法激发学生的学习兴趣和求知欲。

2. 期望通过该模式的科学运用转变学生片面、僵化的思维方式。传统单一的教学模式是造成学生思维片面化和僵化的重要原因，要突破这一局限，就必须采用多种不同的观点和立场来看待问题。

3. 期望通过该模式的科学运用为学生提供理解知识的多个切入点和灵活运用知识的途径，以及通过呈现知识与知识之间复杂的多维度关系，来增强学生对知识结构的整体理解。这就要求我们在组织教学内容时，将知识彼此融合，即对一个知识进行多重表征，这种多种角度的知识表征能帮助学生构建整个学科的知识体系，从而使学生能系统化、逻辑化地掌握学科知识，做到"博与专"的统一。

4. 期望通过该模式的科学运用使学生具备自主学习能力；运用现代教育技术，培养学生获取新知识方法的能力；能结合实际问题，培养学生分析问题、解决问题的能力；能培养学生的创新意识、合作精神、评价能力，具备高度发达的智力和创造力，为社会的和谐、健康、可持续发展提供有创造力的人力资源。

第四节　多维教学模式的构成要素及相互关系

所谓构成要素，是运用教学模式应具备的教学条件或者影响教学模式应用的变量表征。实践表明，影响教学模式应用的变量很多，如教材、教师、学生、教法、教学组织形式、教学场地和时间等。

本书提出的多维教学模式模型主要研究六个变量：教师、学生、教材、教学活动、现代教育技术和教学环境，如图 4-1 所示。教师、学生、教材、教学活动和现代教育技术五者构成了一个四棱锥，每种因素各为一个顶点，从不同的顶点出发就可以得到一个不同的理解或运用此模式的视角，各种因素之间建立起多维交叉式的联系。教学环境是一个开放的球体，球体内部是学校教学环境，外部是广义上的教学环境，二者之间没有明显的界线。

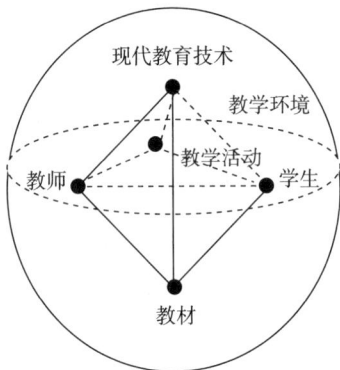

图 4-1　多维教学模式模型

一、教材

传统教学模式下的教材多为纸质教材，这些教材大多片面地强调了教学的某一方面而忽视了其他方面，始终不能取得完全令人满意的效果。多维教学模式中的教材有别于传统意义上的教材，而体现出广义的概念，包含来自教师、学生等课内外的各种信息，是教师和学生作用的对象，是经过具体化的知识、技术。多维教学模式下的教材是多维化的教材，如图 4-2 所示。

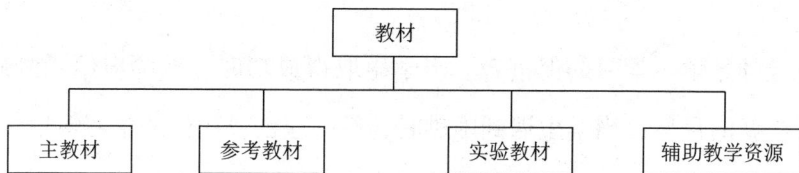

图4-2 多维教材示意图

多维化教材包括主教材+参考教材+实验教材+辅助教学资源（辅导教材+光盘+教学网站）。

这种多维化的教材及现代教育技术资源提供了教师备课平台、课堂讲授平台、学生学习平台、师生交流平台，真正体现了教材多维化的内涵，实现了教学效益的最大化。

二、教师

传统教学模式中，教师是"传道，授业，解惑"者，在这种观念下，教师是将自己的知识传授给学生，很多情况下是给学生提供现成的答案。教师很少自己通过系统调查、分析、研究，对教学实践进行总结，产生深入的认识和理解。随着信息时代的到来，教育技术化的观念被广大教育研究者普遍采纳，并从教育技术的视角理解教育，教育被视为一个传授系统，教师应该是这个系统的决策者、执行者和创造者，根据教学目标和教学内容选择最优的途径、方案来完成教学任务。自我国进行新课程改革以来，在我们充分关注学习者的时候，教师的作用更加不容轻视，他们需要承担更关键、更艰巨的任务。

多维教学模式中教师的角色也体现出多维性，教师是学生探求新知、合作学习的引导者。在教学实践中，教师根据学生的反应情况和自身对教学的新认知，反思教学行为，变革教学过程，灵活运用教学方法，引导学生设计恰当的学习活动，引导学生实现课程资源价值的超水

63

平发挥。

教师是学生学习的促进者。当学生取得成功时，教师应给予鼓励，并提出新的目标；当学生遇到困难时，教师应创设积极的学习情境，使学生受到激励和鼓舞，为学生克服困难指明方向。

教师是学生的同伴，参与到学生小组的讨论、辩论、练习等活动中，这样既能起表率作用，又将师生关系变得更加密切；教师甚至还可以扮演学生角色，学他们的创造性思维来丰富自己的教学思路。

教师是督学者，是教和学的监控者。在教学过程中，教师更多地从学生的学习状况、学习反馈以及自己教学的感受来监、评自己，及时调整自己的教学。

综上所述，教师的角色应该是多维的，教师应该根据课堂动态、学生情况适时改变角色，以便跟学生很好地沟通，了解学生的动态，及时调整教学，以提高教学效果。

三、学生

学生是教育活动的对象和主体，学生的表现直接体现着教育的成果，并且影响着教育的成果。学生是能动的个体，应该积极参与到教育活动中，发挥主动性和能动性；学生是发展中的人，具有发展的潜能和需要，学生既有极大的可塑性，在不同的发展阶段又对身心成长有特定的需要；学生是完整的人，是独立的个体，既存在共性又存在个体差异，存在发展的不平衡性。建构主义学习理论认为学生学习知识的最终目的是更好地理解世界、更好地适应社会。在教学活动中，学生是学的主体，学生需要了解基础知识，更主要的是学会如何去获取知识，如何灵活地掌握和运用所学的知识。

将现代教育技术引入教学，有助于激发学生的学习兴趣，符合学生的年龄特征,有利于学生主体性的发挥,思维能力和个性的培养。

四、教学活动

教学活动是一个具有特定内涵的概念,是多维教学模式中的核心要素,是一个多维组合系统,如图4-3所示。主要指根据不同类别的教学内容,在教学过程中学生自主参与的以学生学习兴趣和内在需要为基础、以主动探索对问题进行多维表征为特征、以实现学生探索和创新为目的的主体实践活动。

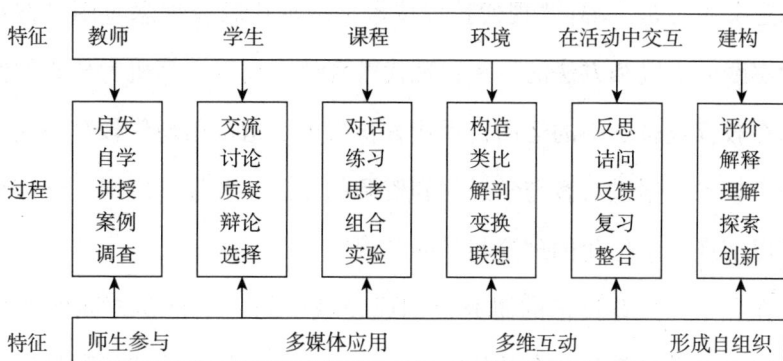

图4-3 多维教学活动示意图

由图4-3中多维教学活动的组合结构可知,多维教学模式中的多维教学活动要素体现出教学过程的复杂性、灵活性、非线性、自组织性。6个过程中分别体现5项内容。例如,在一次课堂教学中,每一个框内只选择一个项目,则有$5^6 = 15625$种活动过程。选定一种活动过程后每一过程有5项,这5个项目的顺序可以变换,则构成的排列数为$5! = 120$种。从上述计算结果可以看出,多维教学模式中的多维教学活动过程可以根据教学内容的性质灵活选择,上述多种排列、组合方式,具有很大的灵活性。

此外,现代教育技术的支持,使教师在教学过程中有更灵活的

"选择方式"和"选择空间",更能促进创造性的发挥。如果在教学中仅设计一种单一的教学活动,则只能限制师生的探索性、创造性。多维教学活动有利于教师综合运用多种教学方式、方法来对问题进行多维表征,进而加深学生对所学知识的理解、运用。

五、现代教育技术

现代教育技术是构成多维教学模式的重要要素之一。20世纪90年代以来,"现代教育技术"这个概念在我国蓬勃兴起,其中比较有影响力的定义主要是三种:"现代教育技术是把现代教育理念应用于教育或教学实践的手段和方法的体系;现代教育技术是以计算机为核心的信息技术在教育或教学中的运用;现代教育技术是指运用现代教育理论和现代信息技术,通过对教与学过程和资源的设计、开发、应用、管理和评价,以实现教学优化的理论与实践。"[26]

在我国,教育技术的研究范围或领域中的一个重要方面即"现代教育技术与学科教学整合的研究;运用现代教育技术构建新型教育教学模式的研究;促进素质教育实施的研究"。本书所设计的多维教学模式,属于将现代教育技术中的新观念、新技术研究应用于具体的教育、教学中。

现代教育技术改变了传统教学中的师生关系及沟通方式。学生成为学习的真正主体,是完成知识建构的主动学习者;教师是学生学习知识的助学者,帮助指导学生运用现代教育技术选择学习资源和学习方向,发现、解决学习中的问题,完成知识的意义建构。师生间的沟通方式远远超越了传统课堂上的师生对话方式,师生可以借助网络对课堂内外的问题发表自己的见解,并进行广泛、深入的探讨,相互交流学习心得。

现代教育技术为师生与教学内容之间建立广泛的联系提供了资源、

工具和媒介。教师与学生可以不受空间、时间和顺序的限制，运用现代教育技术学习教学内容，改变了传统课堂上教师向学生传授教学内容时那种固定、僵化的方式。

现代教育技术极大地扩展了教学环境，并通过网络为教师和学生提供了一个更广阔的教学环境。

六、教学环境

教学环境是教学中的一个基本因素，为教学活动提供必需的条件。传统的教学环境主要是指学校教育的场所、设施、校风班风、师生人际关系等。随着时代的进步，信息技术的迅猛发展，网络为学习者提供了一个极其广阔的学习空间，因而，教学环境也越来越广阔。多维教学模式下的教学环境除了包括上述环境外，还包括媒体化教学环境。媒体化教学环境主要有媒体化教室环境、网络化环境、学习资源中心等。多维教学模式提倡在课堂教学中创设媒体化环境，包括建设多媒体教室、网络教室、机房、校园局域网、电子阅览室，还包括拥有各种与教学相关的教学软件和教学课件等。在这个更广阔的环境里，学习者可以多渠道地与社会进行沟通和信息交流，也可以根据自己的兴趣爱好选择学习的领域。

以上六要素是构成多维教学模式必不可少的，各个要素在模式中发挥着不可替代的作用。

构成多维教学模式的六要素中，教师和学生是支配模式的主体，是模式的操作者。教材是模式的主要客体，是教师和学生认知的对象。教学活动是教师对学生实施教学的方法和手段。教学环境为模式发挥作用提供条件。现代教育技术通过自身具有的特性联结其他五要素，使各要素在其联结下产生新的功能，并使各要素之间产生新的联系。正是由于有了现代教育技术的贯穿和主导，才使模式成为具有多维结构的综合体系，并具有多维特征。

第五节　多维教学评价

一、教学评价的定义

教学评价是学校教育的一项重要内容，其目的是检查和促进教与学。在长期的教学实践中，已经产生了多种不同的评价标准和评价方法，主要可归纳为两大类：以教为主的传统教学评价体系和以学为主的现代教学评价体系。[50]

在以教为主的传统教学评价体系中，评价方法一般是收集和分析教师及学生的相关信息，用来证明教学的成效，并且以知识为核心，考查学生能够记忆多少教师所教知识，其结果是学校对教师"判刑"，教师对学生"判刑"，这种教学评价方式既不利于教师的身心健康，也不利于学生的健康发展[27]。

文中提到的多维教学评价，是以学为主的现代教学评价。这种教学评价着重从课堂教学结构、教师教学和学生发展成效三个方面进行改革探索，进而建立多元化的教学评价体系。由于评价内容的复杂多样性，本书在实践中仅研究对学生的多维教学评价。

对学生的多维教学评价是指通过调查问卷、实验结果验收、阶段与期末考试等多种方式，从多个层面对学生进行考查和考核，包括学生的学习态度，学生对基础知识、基本方法、基本技能的掌握程度，学生对知识的综合运用能力、创新实践能力等。

二、评价的目的

对教师的评价，立足于教师对学生发展水平的了解程度、对教学内容的整体把握、对教学方法的把握、教师是否为学生提供主动参与的时间和空间、是否满足了学生的好奇心和挖掘学生的潜能、是否能迅速捕捉教学过程中的各种信息、是否能随机应变地采用恰当的方式处理突发事件、是否能设计良好的交往氛围等方面。

对学生的评价，立足于素质教育，以发展学生的个性、培养学生的创新和探索能力为基点，鼓励学生不唯师、书，敢于挑战权威，敢于在与他人的争论思辨中，发表自己的观点，善于运用不同学科知识，从多个角度思考解决问题的方法，善于将自己的所思所想付诸实践，在动手、动脑、动口中提高自己的创新实践能力。

三、多维教学评价的特点

1. 评价内容的多样性

评价的内容应多元化，从多角度、多方面进行多维评价。教学评价可以从学生和教师两个层面来做参考维度。

学生层面：重点关注学生的学，倡导学生主动、合作、探究学习的方式，重视使学生学会和形成正确的价值观，培养创新能力和实践能力，在这一层面上，要从学生认知、能力、情感等维度来评价课堂教学。

教师层面：重点关注教师是否为学生创设了一个有利于意义建构的学习情境，是否激发学生的学习动机，使其保持对学习的兴趣，以及是否引导学生加深对基本理论和概念的理解等维度。

2. 评价形式的灵活性

多维教学评价建立在灵活性的基础之上，因此采用的评价有多种方式。对学生和教师评价可以分别从多项目和多时间段两方面来考虑。

（1）学生层面

①多项目评价：包括从学生认知、能力和情感等维度评价，从过程（平时上课、实验等）上评价，考试评价。

②多时间段评价：包括课前、课中、课后的评价。

（2）教师层面

①多项目评价：包括教师教学设计、教师态度、教学艺术等层面的评价。

②多时间段评价：包括课前、课中、课后的自我评价。

3. 评价方式

（1）对学生的评价：可以采用调查问卷、平时表现、实验、课程设计、考试等层面的综合评价。

（2）对教师的评价：可以采用调查问卷、教学录像、教学日志和教师档案袋等方式评价。

第六节　多维教学模式的特征

随着教学理论和实践研究的深入和发展，教学模式的研究与应用越来越多地受到广大教育研究者和教师的关注，多种多样的教学模式出现在各学科的教学当中，它们体现出一些共同的特征，即指向性、操作性、整体性、稳定性和灵活性[28]。同时，由于教学模式的构成要素和要素间的结构不同，每个教学模式都有其独特的特征，多维教学模式主要具有模式本身的多维性、模式构成要素的多维性、教学评价的多维性特征。

多维教学模式依据其主要构成要素形成了教师、学生、教材、教学活动和现代教育技术五个维度。在多维教学模式中，现代教育技术和教材是物的因素，学生和教师是人的因素。我们通过教学活动来分析它们的关系：教材的选择是为了实现教学目的，将相关的信息有效地传输给学生；教师是教学活动的组织者、策划者，负责理顺教学要素的关系，控制教学进程；现代教育技术为教学活动提供系统、科学的分析与操作方法，提供技术支持和物质保障。由此可见，这些要素之间的关系是相互影响、相互制约的。在实际的教学中，当解决具体的教学问题时，我们可以采取不同的视角，从不同的维度出发来审视教学活动。例如，在教的活动中，应该从教师维度出发，体现教师是教学活动的组织者、管理者和领导者，研究教师如何组织、安排、设计教学活动。在学的活动中，应该从学生维度出发，围绕学生这个学习的主体展开教学活动。在技术与学科整合中，应该从现代教育技术维度出发，用教育技术建立操作程序，创设教学情境，呈现教学内容，搭建师生沟通的桥梁。

在构成多维教学模式的要素中，教材、教师、教学活动等要素也是多维的。不同的教学素材，在框架结构安排、教学设计以及知识选择等方面有不同的侧重，为教师和学生提供了多样的方法，教材要素的多维化促进了教学效益的最大化。教师的教、学、督等角色的多维化，使教与学层次缠绕，融合互促，使教学场的活力达到最大。教学活动的多维化有利于教师根据教学内容的性质选择多种教学方法组织教学，使教师在教学过程中有更灵活的"选择空间"，促进了师生的探索性、创造性的发挥。

多维化的评价方式，通过调查问卷、实验结果验收、阶段与期末实验考试、课程设计等不同形式的考查和考核，可从不同侧面了解学生对实验基础知识、基本方法、基本技能的掌握程度，了解学生的学习态度、情感、认知能力等，了解学生的知识综合运用能力、工程实践能力和创新实践能力等。

第七节　多维教学模式的实施条件及操作程序

一、多维教学模式的实施条件

多维教学模式的实施需要有一定的条件作为保障，确保其功能正常、有效地发挥，多维教学模式有一个特定的操作程序，供教师在进行教学时结合具体教学内容参照实施。在教学中实施多维教学模式时，在人和物以及技术和策略上都有一定的要求，具体地说包括对学生、教师和教学环境三方面的要求。

1. 对学生的要求

学生必须转变以往的被动接受式的学习思想，要以积极主动的心态投到学习研究中，学生要不断地探索挖掘适合新教学模式的学习方法，提高自主学习与合作学习的能力。

2. 对教师的要求

对教师的要求主要有以下七个方面。

（1）教师应该转变以往教学过程中的教学思想，要以学生为中心。

（2）教师要掌握多维教学模式的主体思想，根据不同的教学内容，灵活运用多种教学方式和方法。

（3）教师在教学过程中要有针对性地激发学生学习兴趣，做好对学生知识意义建构的帮助者和促进者。

（4）教师要掌握现代教育理论知识及多媒体应用技能，恰当地应用到教学当中。

（5）教师要了解世界最新科技成果，不断进行教学研究，以有效的方式、方法引用到教学当中。

（6）教师要灵活机智，能根据学生的特点，采取有效方式组织教学。

（7）教师要有自己的个性和教学风格。

3. 对教学环境的要求

多维教学模式中强调了学生的自主学习与分组协作学习相结合，强调了师生之间、学生之间、教师—机器—学生之间的交互，强调了学生的开放式学习，强调了现代教学媒体的应用，强调了辅助资源的运用。因此，一是要保证学生有充足的学习时间。只有这样才能使学生利用丰富的信息资源，认真自主地去学习和探究，与其他同学与教师进行交流、探讨。二是要保证有方便的空间，包括现实空间（如多媒体教室）和虚拟空间（如网络空间）。在教室里，教师能够有效运用现代教学媒体，灵活组织教学，学生之间、师生之间能够面对面交流、探讨；在网络空间里，学生之间、师生之间可以通过电子邮件(E-mail)、论坛(BBS)等工具进行有效的实时性和非实时性的交流。没有这些时空环境作保障，多维教学模式就无法有效地加以实施，教师教学、学生学习的方式就会受限。

二、多维教学模式的操作程序

多维教学模式的操作程序示意如图4-4所示。

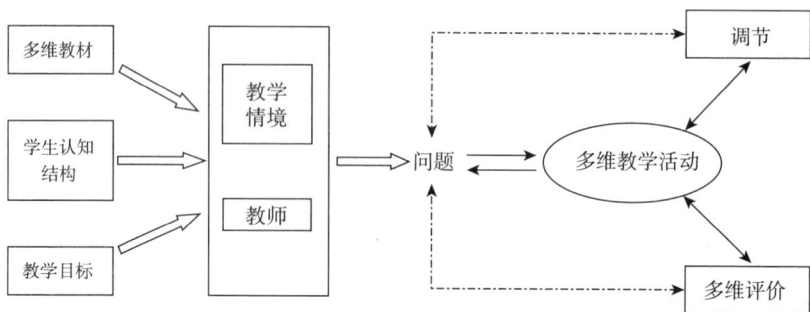

图 4-4 操作程序示意图

1. 根据多维教材、学生认知结构围绕教学目标确定教学情境

多维教材是一个广义的概念，包括各种信息资源，是经过具体化了的知识、技术。教材必须从教学主体、客体和环境因素及其相互关系出发，根据具体情况，教材要全面和多样化。让教师和学生根据自身的需要去选择使用教材，而不是千方百计地去适应某一特定的、以单一理论为指导的教材。在教材的使用和处理方面，也必须从主体、客体、环境的具体情况出发，敢于增删挪移、打破传统的照本宣科式讲授。

认知结构是认知心理学上的一个术语，认知结构也就是学习者头脑里形成的知识结构，它是由生活经验、教科书和课堂教学的知识结构转化而来的。学习者头脑里形成的知识结构是按照自己的理解深度、广度，结合自己的感觉、记忆、思维、联想等认知特点，形成的一个具有内部规律的整体结构。在进行课堂教学之前，教师必须研究和了解学生的认知结构。

教学目标是学生通过教学活动要达到的预期学习效果，可分为课程教学目标、单元教学目标、课时教学目标等不同层次，这里的教学目标主要是指课时教学目标。不同的教学内容、不同的学生对应着不同的教学目标，教师在上课之前通过备学生、备课程而确定课时教学目标, 在开始课堂教学之时, 向学生呈现课堂教学目标, 其目的在于使学生能恰当地进行评价与调节, 并使学生为达到目标而努力。课堂教学目标的呈现能够使学生在课堂教学中把握学习的方向, 发挥学生学习的主动性。

教师根据多维教材、学生认知结构和教学目标建立一种有利于引发学生注意力和兴趣的教学情境。学习是一种适应, 创设教学情境有利于学生进行知识的横向迁移和纵向迁移, 从而加速学生对学习的适应。这种教学情境可以是复杂的、形象的, 也可以是具体的、简单的 (如语言描述、动作示范、实验演示、媒体插入等)。创设教学情境的目的是引出问题, 也是为了激发学生的学习兴趣, 但不能让学生停留在情境之中, 因此, 教学情境必须依据 "最近发展区" 原则, 贴近学生的原有认知结构, 并由此确定教学目标, 其中教学目标在课堂教学开始的情境中呈现, 贯穿整个课堂教学过程。

2. 确定问题

在上述情境下, 选择适合当前情境的实际问题或真实事件作为学生所要学习和研究的知识与课题, 以便进一步激发学生的学习兴趣。而且, 这些课题要与教学内容紧密联系, 因为我们是要通过设立这种形式来使学生有效地学习课程中的知识, 培养学生的自主学习能力和创新精神。在这一阶段, 教师设置的这些课题要具有一定的意义和有用性, 让学生感到这些问题对于他们有用, 让他们认同。

3. 根据多维教学活动, 自主建构、互动教学

多维教学活动是一个具有特定内涵的概念, 是一个多维组合系统[29], 主要指根据不同类别、不同性质的教学内容, 选择多种排列、组合方式来组织教学。在教学过程中, 教师综合运用多种教学方法、手段对问题进行多重表征, 从而加深学生对所学知识的理解、运用。

建构性学习是在学生、教师及其他辅导者的共同努力下完成的。学生是学习者，要结合自己原有的经验体系来学习探索新的知识，要将新知识与原有的知识经验联系起来，看它们是否一致，并解决它们之间的冲突，而且学生要依照新旧知识之间的逻辑关系，以基本原理和概念为核心，形成新的知识结构和经验体系。学生对知识的理解和建构应该是灵活的、多角度的。教师是学生进行建构性学习的促进者和帮助者。教师在教学活动中要针对所学内容设计出具有思考价值的、有意义的问题，让学生去思考、去尝试解决问题。教师可以借用现代教学手段引发学生探究学习、自主建构，引导学生动手操作解决问题。教师应为学生提供必要的支持与引导，比如课堂上根据多维教学活动组织教学，提供学习资源，推荐相关网站等。

此外，教师的教与学生的学之间要形成良好的交互，多媒体技术和网络技术的发展为教学活动提供了交互性学习环境[30]。在网络教室中，师生间的交流可以灵活地实现一对一和一对多的交互，教师可以通过服务器向学生传达教学信息，也可以随时切换界面与某个学生进行交流，了解学生的学习进程，调整课堂节奏。在课外，可以通过网络实现师生间良好的交互。例如，利用 E-mail、BBS 等工具实现一对多、多对多的交互。可以将学生分成小组以合作探索的方式实现互动，教师帮助学生把握问题，同时鼓励学生从其他不同角度来思考和探索问题。各小组将学习成果及时上传给教师，教师予以点评并及时反馈给学生。

4. 多维评价与调节

评价（evaluate），有利于学生进行知识的横向迁移和纵向迁移，有利于学生纠正错误的认识。

多维评价（multidimensional evaluation）是从多个角度，通过多种

方式进行评价，作为多维教学模式操作流程要素的多维评价主要是指围绕问题而进行的活动过程中所采取的思维策略，具有多样性，包括教师对问题的评价、对学生的评价和学生对问题的评价、自我评价，以及学生对学生的评价等。

调节（control）是认知过程中的一种监控策略，是一种元认知活动（meta-cognition），包含认识过程中的反馈行为，在反馈和评价的同时进行监控，尤其是指活动者对于自身所参与的解决问题活动的自我意识、自我分析和自我调整。调节是解决问题活动中十分重要的一环，通过调节，主体对客体的理解才能不断深入，才能获得对问题的意义建构。学习是一种适应，调节有利于学生进行反馈、调控、改进，从而加速学生对学习的适应。

在学生参与多维教学活动的过程中，评价与调节是同时进行的。只有通过评价才能发现认识的不足，才能进行有目的的调节；调节的过程也是不断进行评价的过程。

第八节　多维教学模式在高校数据结构课程中的实践

一、教学设计与教学环境构建

第一阶段：确定研究课题。成果表现形式是开题报告《多维教学模式的探索与实践》。

第二阶段：根据现代教育理论和教学经验总结，建构多维教学模式。多维教学模式结构参见图4-5。

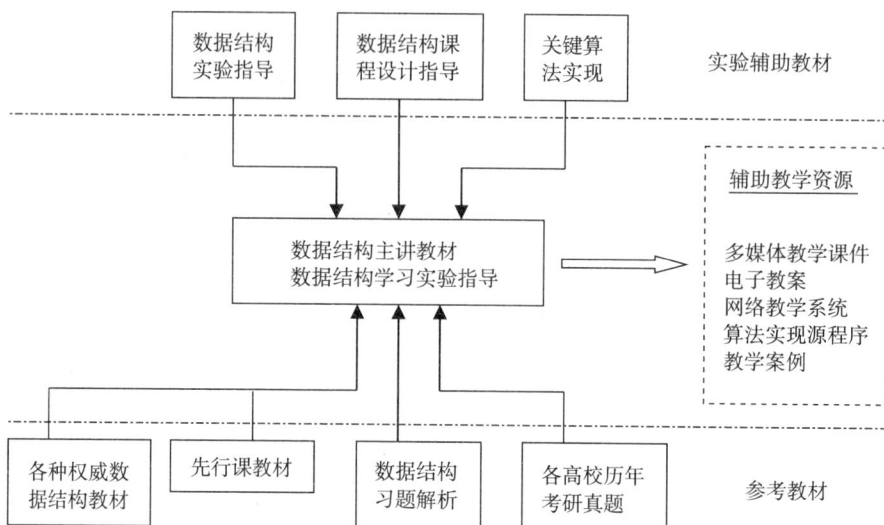

图 4-5 数据结构课程多维教学模式示意图

第三阶段：确定以渤海大学信息科学与工程学院计算机科学与技术专业 2004、2005、2006 级三届学生（2004 级 4、5 班，2005 级 11、12 班，2006 级 1、2 班）为对象采取不同的教学模式进行教学实验。4、11、1 班采取传统教学模式，即对照班；5、12、2 班采取本文提出的多维教学模式，即实验班。

（1）选择实验研究方法：该实验采用问卷调查法、对比法、实例举证等方法。

（2）设计问卷调查表：对照班与实验班的效果评价调查表包含 12 个不同维度。

调查研究的策略：发放评价调查表—明确评价调查的目的—解释各个维度的含义，让学生有足够的考虑时间，不记名。

各方面的特征统一用 A、B、C 三个层次表示：A 表示积极向上、优秀等方面的因数（即研究变量中的优、强等）；B 表示正面、普通等方面的因数（即研究变量中的良、中等）；C 表示消极、落后等方面的因数（即研究变量中的差、弱等）。

第四阶段：进行实验总结，以获得真实的实验研究成果。实验研究成果的主要内容是对学生进行教学效果评价。

第五阶段：三个学期的实验计划结束后对实验研究进行全面的总结与评价。

二、多维教学模式实施的教学策略

全方位地关注学生的发展，有效地提高课堂教学的效率及其价值，是教师教学工作中的一种追求，而教学策略在课堂教学中有着特殊的重要作用。教学策略是教师在教学预设和实施过程中，针对不同的教学对象和教学内容，运用一定的教学理论，结合教学经验和教学智慧去解决相关问题的谋略。我们常说"教学有法，而教无定法，贵在得法"，即认为教学要有方法、有策略。教学策略是教师在现实的教学过程中对教学活动的整体性把握和推进的措施，是更高层次的教学研究。

多维教学模式提出的动因：一是如何采用更有效的方式来组织教学，提高教学效果；二是如何做到针对学生的差异进行因材施教；三是如何培养学生的协作意识和创新意识，激发学生的潜能。为此，针对多维教学模式实施的教学策略的研究应该从更加广泛的维度展开，以期从更高层次上探索对课堂教学的指导作用。本文考虑五方面的内容：教材、教师、教学组织形式、教学方法和手段、教学评价。

1. 教材的多维化

在授课时及时关注最新成果并侧重应用，使用多层次的教材[31]。

（1）纸质教材

教材：选用了笔者参与编写的、适合二本类院校学生的《数据结构》（清华大学出版社出版）教材。

实验教材：选用了自编的《数据结构上机指导》。

参考教材：清华大学出版社特色教材《数据结构学习辅导与实验指导》。

（2）辅助教材

多媒体教学课件；

电子教案；

算法实现源程序；

教学案例；

算法动态演示。

2. 教师角色

教师的角色是多维的，教师根据课堂动态、学生情况适时改变角色，以便与学生很好地沟通，了解学生的动态，及时调整教学，以提高教学效果。

3. 教学组织形式

中国传统的教学组织形式是个别教学或"小组"教学[32]。小组教学，增加了学生的参与机会，增强了合作意识和合作能力，达到共同发展，但它需要扩大教室等教学资源，成倍增加师资。个别教学的组织形式是个别式的、小组式的，它让个人自定目标，自选教材和学习方式，异步达标。个别教学充分尊重学生个性，使个人发展最优化，但耗费更多的教学资源，要求师资有更高的水平。针对上述谈到的情况，在我国现阶段要真正实现个别教学和小组教学几乎是不可能的。但我们可以构建多维教学组织，在数据结构课程的教学中，笔者采用的方式是在大班整体教学，内部间采用小组教学和个别教学，从教学环节上体现为"大班—小组—个别—小组—大班"，从教学内容及学习指导的针对性上同时兼顾大班、小组、个别。例如，在整体授课时采用了大班的整体教学,在课程设计环节采用了小组教学,在上机实验中针对学生的不同情况个别加以指导,这样在较大百分比上实现了"因材施教",提高了教学效果。

4. 教学方法、手段

教学方法就是在教学中为实现一定的教学目的,完成一定的教学任务所采取的教学途径或教学程序,是以解决教学任务为目的的师生间共同进行认识和实践的方法体系。数据结构课程主要的教学任务是使学生了解和掌握数据结构中线性、树型和图形三种结构的相关知识,以及算法设计中常用到的算法[33]。该门课程原理性较强,对于这种原理性相对较强的课程来说,传统的教学中一般采取单一的教学模式,即教师通过一支粉笔,在黑板上不断地推理、演绎来得出结论。事实证明,这种方式学生接受起来比较困难,教学效果也不好。笔者在多年数据结构课程的教学中,借助现代教学手段,将多种教学方法有机组合,达到了良好的教学效果。

5. 教学评价

评价的内容多元化,从多角度、多方面进行多维评价。本文仅探讨多维教学模式中对学生的评价,可从定性评价和定量评价两方面来进行。

定性评价:通过回收的调查问卷的数据,分析学生的认知、能力和情感等方面是否有所提高。

定量评价:有别于传统的考核模式,将考核分为平时实验考核、期末上机考核、期末笔试考核和课程设计考核四部分,其所占比例分别为1:2:5:2。平时实验考核的题型为典型算法;期末上机考核的题型为程序设计,为了做到既客观又公平,笔者设计开发了上机考试系统,试题的抽取和评卷都由计算机完成,使之科学化、现代化;期末笔试考核的题型为单项选择、判断题、简答题、操作题、算法分析、算法设计;

为了培养学生解决实际问题的能力，设置了课程设计的考核环节。最后总成绩=平时实验考核成绩（10%）+期末上机考核成绩（20%）+期末笔试考核成绩（50%）+课程设计考核成绩（20%），这重点考查了学生程序设计和程序调试的能力，以及运用所学知识解决实际问题的能力。

附教学案例：

二叉树的相关知识（复习提高部分)

一、知识要点

1. 二叉树及二叉树的存储结构；

2. 二叉树遍历算法。

二、教学目标

1. 复习二叉树的存储结构；

2. 复习二叉树的四种遍历操作；

3. 探究二叉树的建树、前序、中序、后序遍历递归算法；

4. 探究二叉树的中序非递归遍历算法；

5. 在多维的教学活动中建构学生的认知结构。

三、教学策略

1. 教学方法：体现于已建构的教学模式操作流程之中——创设情境、呈现目标、确定问题、多维教学活动、多维评价与调节教学效果检测与分析。

2. 难点突破策略：过程分析、多维教学活动、评价调节。

3. 准备工作：制作多媒体课件，检查网络环境。

四、教学过程

（一）创设情境、呈现目标

复习二叉树的存储结构：顺序存储和链式存储。引导学生总结出顺序存储适合于完全二叉树，链式存储比较灵活，可与链表的链式存储进行类比，使学生对二叉树的链式存储有更深刻的认识。

单链表结点结构：数据域　指针域

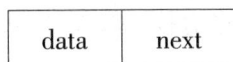

data	next

typedef int ElemType;

typedef struct node

{ElemType data;

struct node * next;

}Lnode, * Linklist;

二叉链表结构：左孩子域　数据域　右孩子域

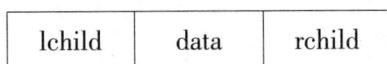

lchild	data	rchild

typedef char TElemType;

typedef　struct　BitNode

{　　TElemType　data;

　　struct BitNode * lchild;

　　struct BitNode * rchild;

}BitNode, * BitTree;

运用幻灯片展示知识要点，呈现课堂教学目标。

通过师生的互动复习二叉树的四种遍历操作，围绕遍历知识引出问题。

(二) 确定问题

问题1：对已知的二叉树可以进行遍历操作，那么如何建立一棵二叉树呢?

问题2：对于已建立的二叉树如何编写算法来完成前序、中序、后序的遍历?

问题3：如何完成二叉树的非递归遍历？

（三）根据多维教学活动，自主建构、互动教学

解决上述三个问题的教学过程可概括为如下师生之间的多维教学活动过程，这是多维教学模式实施的核心环节。具体方式参见图4-3。

多维教学活动过程的复杂性、非线性为学生提供了思维活动的空间，在解决上述问题时，可以培养学生的实践能力、探索能力、创新能力[35]。

1. 对二叉树的基本运算：建树、前序、中序、后序递归遍历[34]。针对具体的算法，借助多媒体教学，以生动、形象、灵活的方式激发学生的学习兴趣，通过多个感官来获取信息。在算法演示中将函数调用、具体实例和算法执行过程中变量当前值的变化展示给学生。图4-6为递归遍历建树算法的演示，可沿着这一主线展开教学。

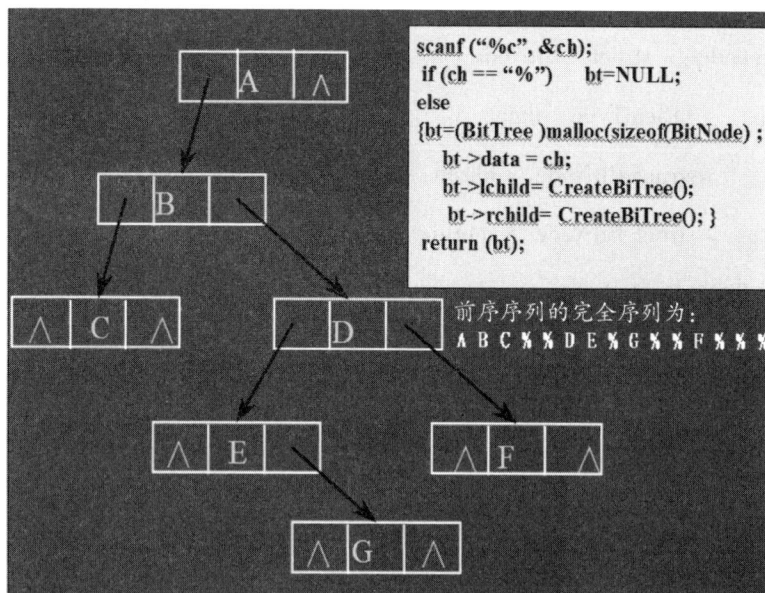

图4-6　递归遍历建树示意图

2. 对已建好的二叉树进行中序递归遍历，如图4-7所示。

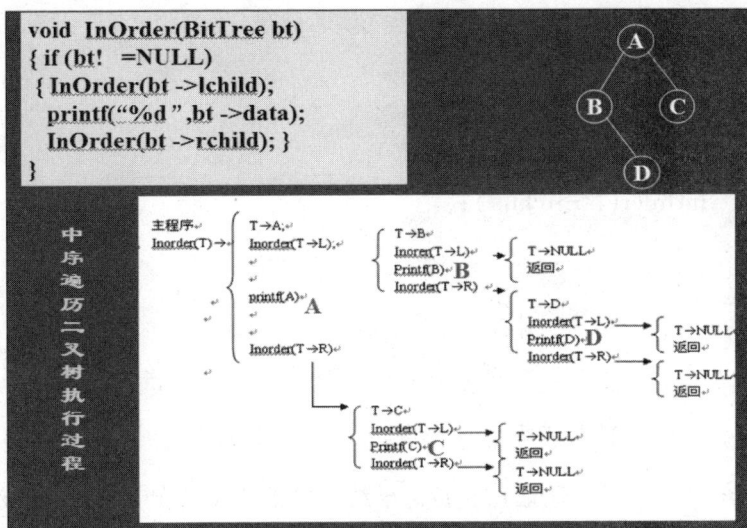

图4-7 中序递归遍历示意图

通过算法演示和讲授让学生掌握递归过程中系统设立的"递归工作栈"的使用方法，这样既复习了前面栈的知识，又巩固了对于递归算法的理解，并通过递归算法推导出非递归遍历算法[35]。

递归算法如下：

```
typedef   char   TElemType;

typedef   struct   BitNode
{       TElemType   data;
        struct BitNode  * lchild;
        struct BitNode  * rchild;
} BitNode, * BitTree;


void InOrderTraverse( BitTree bt)
{
```

```
if( bt! = NULL)
  {
    InOrder( btc->lchild) ;
    printf("%d ",bt->data) ;
    InOrder( bt->rchild) ;
  }
}
```

一边演示一边让学生思考系统工作栈的变化，做出总结。

（1）每一层递归所需信息构成一个"工作记录"，其中包括递归调用的语句编号（返回地址）和指向根结点的指针（实在参数），当栈顶记录中的指针值为非空时，应遍历左子树，即指向左子树根的指针入栈。

（2）若栈顶记录中的指针值为空，则退至上一层，若是从左子树返回，则访问当前层的根结点。

（3）若从右子树返回，则表明当前层的遍历结束，应继续退栈。

3. 根据上述遍历，引导学生思考、讨论如何把递归算法转化成非递归算法，主要是自己如何来设置栈，以及如何入栈、出栈、判断栈是否为空。注重与以往所学知识的相关性，不断穿插已学章节知识的复习和总结，并尽量增加课堂教学的生动性，通过提问、答疑、交流经验等方式来带动大家，营造一个良好的学习氛围，以此来培养学生自我挑战和战胜困难的能力。

课堂教学中涉及的基本算法一定要讲清、讲透。在算法讲解的过程中，以中序非递归遍历为例，可以分以下几个层次来讲。

（1）与学生共同讨论非递归遍历要完成哪些方面的工作，如先建立一棵二叉树，进行栈的相关操作，在这种启发下引导学生思考。

（2）将算法逐步细化，手工分析算法的执行过程。

(3) 将算法改成完整的 C 程序，从整体上让学生理解算法的含义，并通过调试程序、运行程序、结果显示加深学生对算法的理解。

具体算法如下：

```c
void InOrder(BitTree bt)
{   sqstack S;
    BitTree p;
    initstack(&S);
    p=bt;
    while(p || ! emptystack(S))
    { while(p)
      {push(&S,p);
        p = p->lchild;
      }
      pop(&S,&p);
      printf("%d ", p->data);
      p=p->rchild;
    }}
```

栈类型定义：

```c
typedef struct
{int top;
ElemType *base;(类型为 BitTree)
int stacksize;
}sqstack;
```

4. 在问题解决后，让学生应用已学知识解决实际问题，如族谱问题等。

5. 上机实验环节，根据学生的学习情况为不同的学生提供不同难度的学习任务。对于水平较低的学生，教师具体化的指导是很有必要的。教师应提供部分 C 语言程序范例，让这部分学生先模仿，再自己尝试去实现一些算法。对水平较高的学生提出更高的要求，并试着让他们去解决一些实际问题，如可以设置一些项目等，在解决过程中并不拘泥于书上的一些算法，多鼓励学生去想办法，以锻炼学生的创新能力。

6. 利用网络的优势，给学生提供网络学习的机会。

（1）在线学习：内容包括教学课件、算法和完整的语言程序。

（2）答疑与讨论：解答学生的疑问，并鼓励学生讨论，激发学生的创造力。

（3）在线作业：教师提供一批题目及相关答案，便于学生自学和复习。

（4）相关学习资料和链接：充分利用网上资源，拓展学生的学习空间。

（5）利用 E-mail、BBS 等工具拓宽师生交流的渠道。

总之，教和学是一个循序渐进的过程，是一个动态交流的过程，在这个过程中师生之间通过上述多维活动相互配合、相互学习，学生根据教师的讲解和要求去学习和掌握学习内容，教师根据学生的反馈不断改进教学方法和提高教学质量，只有这样才能学好课程。

（四）多维评价与调节

在进行多维教学活动的过程中，评价与调节不仅能使学生形成正确的认知结构，提高学习效率，而且能激发学生的实践能力、探索能力、创新能力。

（五）教学效果检测与分析

本实验研究结果的主要内容是对学生进行评价——多维评价。评价的内容主要包括认知和非认知两方面。本实验主要给出了以下两个方面

的结果:

1. 对照班与实验班的效果评价问卷调查,着重于学生在非认知方面的自我评价。

2. 定量评价:经过三轮的教学实践,对实验期间三个学期期末考试成绩进行分析对比。

(1) 对照班与实验班的效果评价调查

2005—2007 年,实验进行了三个学期,分别是 2005—2006 年第 2 学期、2006—2007 年第 2 学期、2007—2008 年第 1 学期,进行了三次调查情况对比,初步判定实施多维教学模式进行教学取得的效果还是很明显的。

下面表 4-1、表 4-2、表 4-3 分别是各学期对照班与实验班的效果评价对照表。从 12 个不同维度对学生的特征(认知结构与个性)进行了问卷调查,并进行模糊评价。这是以学生的自我评价为主、教师的评价与调节为辅的研究策略。具体做法:①发放评价调查表。②明确评价调查的目的。③解释各个维度的含义,不记名。

学生各方面的特征统一用 A、B、C 三个层次表示:A 表示积极向上、优秀等方面的因数;B 表示中等、良等方面的因数;C 表示消极、落后等方面的因数。

表 4-1 2005—2006 年第 2 学期对照班与实验班效果评价调查表

单位:%

序号	变量	传统教学模式			多维教学模式		
		对照班 4 班(21 人)			实验班 5 班(24 人)		
		A	B	C	A	B	C
1	学习动机	9.5	38.1	52.4	37.5	54.2	8.3
2	学习兴趣	4.8	42.9	52.4	41.7	45.8	12.5
3	学习态度	0	61.9	38.1	37.5	45.8	16.7

续表

序号	变量	传统教学模式 对照班4班（21人）			多维教学模式 实验班5班（24人）		
		A	B	C	A	B	C
4	概念理解	14.3	38.1	47.6	45.8	45.8	8.3
5	实践能力	14.3	33.3	52.4	33.3	37.5	29.2
6	探究能力	4.8	33.3	61.9	25	45.8	29.2
7	课堂参与程度	14.3	38.1	47.6	54.2	29.2	16.7
8	学生求知欲	4.8	42.9	52.4	20.8	54.2	25
9	思维灵活性	0	23.8	76.2	20.8	50	29.2
10	创新能力	4.8	28.6	66.7	16.7	50	33.3
11	协作能力	14.3	38.1	47.6	37.5	54.2	8.3
12	评价能力	9.5	33.3	57.1	33.3	45.8	20.8

表4-2 2006—2007年第2学期对照班与实验班效果评价调查表

单位:%

序号	变量	传统教学模式 对照班11班（32人）			多维教学模式 实验班12班（30人）		
		A	B	C	A	B	C
1	学习动机	9.4	43.8	46.8	40	53.3	6.7
2	学习兴趣	6.3	28.1	65.6	43.3	53.3	3.3
3	学习态度	0	56.3	43.7	40	46.7	13.3
4	概念理解	6.3	40.6	53.1	46.7	46.7	6.7
5	实践能力	9.4	34.4	56.3	36.7	40	23.3
6	探究能力	3.1	46.9	50	30	53.3	16.7
7	课堂参与程度	6.3	28.1	65.6	50	43.3	6.7
8	学生求知欲	3.1	40.6	56.3	26.7	53.3	20
9	思维灵活性	0	21.9	78.1	23.3	50	26.7
10	创新能力	3.1	31.3	65.6	23.3	50	26.7
11	协作能力	6.3	40.6	53.1	40	53.3	6.7
12	评价能力	12.5	40.6	46.9	36.7	53.3	10

表 4-3   2007—2008 年第 1 学期对照班与实验班效果评价调查表

单位:%

序号	变量	传统教学模式			多维教学模式		
		对照班 1 班（30 人）			实验班 2 班（32 人）		
		A	B	C	A	B	C
1	学习动机	10	46.7	43.3	37.5	53.1	9.4
2	学习兴趣	6.7	30	63.3	40.6	53.1	6.3
3	学习态度	3.3	60	36.7	37.5	46.9	15.6
4	概念理解	6.7	36.7	56.7	37.5	40.6	21.9
5	实践能力	10	33.3	56.7	34.4	40.6	25
6	探究能力	3.3	46.7	50	28.1	53.1	18.8
7	课堂参与程度	6.7	30	63.3	46.9	43.8	9.4
8	学生求知欲	3.3	43.3	53.3	28.1	50	21.9
9	思维灵活性	0	23.3	76.7	25	46.9	28.1
10	创新能力	3.3	33.3	63.3	25	50	25
11	协作能力	6.7	43.3	50	40.6	53.1	6.3
12	评价能力	13.3	40	46.7	37.5	50	12.5

通过表 4-1 至表 4-3 进行对照分析。

在提高学习兴趣、激发学生学习动机等方面，采用"多维教学模式"教学的实验班，都好于"传统教学模式"教学的对照班。经过观察和与学生谈话，我们发现多维教学模式下的学生在一定程度上克服了学习中的畏难情绪，认为课堂生动有趣，在课堂教学中学习积极性有所提高，课堂互动较多，学习效果很好。

教学实验中实验班师生间的交流较多，在实验过程中我们重视师生间的双向情感交流，培养师生间的信任感，形成了良好的师生关系。随着实验班学生对数据结构课程的兴趣越来越浓厚，学生在弄懂教材内容的基础上进行实践，逐渐养成了"自主学习、探究学习、协作学习"的良好习惯，这激发了学生的求知欲，培养了学生的探索能力、创新能力。

（2）定量评价

不同学期，针对数据结构课程，在不同班级采用不同的教学模式教学，将其教学效果进行了对比，测试结果统计如表4-4、表4-5、表4-6所示。

表4-4　2005—2006年第2学期成绩分布统计表

班级		成绩比例				
		优秀（%）	良好（%）	中等（%）	及格（%）	不及格（%）
对照班	4班（21人）	1.8	21.6	22.5	23.5	30.6
实验班	5班（24人）	9.4	35.6	31.8	10.4	12.8

表4-5　2006—2007年第2学期成绩分布统计表

班级		成绩比例				
		优秀（%）	良好（%）	中等（%）	及格（%）	不及格（%）
对照班	11班（32人）	3.1	21.9	29.2	33.3	12.5
实验班	12班（30人）	10.0	33.4	33.3	20.0	3.3

表4-6　2007—2008年第1学期成绩分布统计表

班级		成绩比例				
		优秀（%）	良好（%）	中等（%）	及格（%）	不及格（%）
对照班	1班（30人）	2.1	22.4	28.5	35	12
实验班	2班（32人）	9.5	33.6	33.8	20	3.1

通过对表4-4至表4-6的成绩统计结果比较分析，我们能够观察到，实验班在各个级别的数据均优于对照班。这充分说明，在数据结构课程教学中实施多维教学模式教学极大地激发了学生的学习积极性，教学效果的提高比较明显。

第九节　多维教学模式的实践价值

一、总结

本文是在阅读大量与教学模式相关文献的基础上，通过对已有的典型教学模式进行分析，指出了现有教学模式存在的一些问题，并综合现有教学模式的优点，提出并阐明一种既能贯彻教育理念，又能适合教学实际的教学模式——多维教学模式。

文中阐述了多维教学模式的构成要素、操作流程、实施条件及多维教学模式的特征，并在高校数据结构课程中进行运用，以解决目前教学中存在的一些问题。实践证明：该教学模式可以帮助教师合理地安排教学资料，根据不同的教学内容灵活运用多种教学方法指导教学，提高教学效率和质量，实现教学目标，完成教学任务，调动学生的积极性，促进学生自主建构知识，同时也培养学生的协作能力、实践能力和创新能力。

二、展望

多维教学模式的理论框架相对比较完善，操作性比较强，在高校数据结构课程的教学实践中也取得了比较理想的教学效果，但同时我们也看到，在实际操作中并非如理论所言，仍然存在一些问题，比如包括教材、教学实例、教学网站在内的教学资源建设问题，如何更好地根据"多维组合系统"实施有效教学，对教师的评价问题，等等。多维教学模式还处于摸索、尝试阶段，要使这种教学模式更加严谨、成熟，还需要更多的理论支撑与实践探索。

以人为本、因材施教，充分调动和发挥学生主体的积极性，培养学生的实践能力、探索能力、创新能力已成为时代发展的迫切要求。相信随着多维教学模式本身的不断完善，随着它与教学实践的不断磨合，随着教学改革实践的不断深入，该模式会越来越成熟，它的操作性、科学性与合理性也会越来越强，将在新课程理念下面向 21 世纪的素质教育中发挥越来越大的作用。

第五章　程序设计类课程教学模式的实践探索（二）
——"线上线下"协同互补教学模式

随着信息化时代和学习化社会的到来，世界规模的竞争日益激烈，培养具有创新意识和实践能力的人才成为高等教育领域的普遍共识。为此，各国积极开展高等教育教学改革，致力于培养符合社会发展需要的高素质人才，其中大学生实践能力培养成为人们关注的热点问题之一。

为实现高质量专业人才培养，提高学生的工程实践能力和创新能力，增强学生的创业与就业能力，我校自2011年制订并开始实施本科人才培养方案，根据专业性质、办学经验及历史年限、师资队伍状况、社会对专业人才培养要求以及学生基础的不同，确定了多元化人才培养目标，并特别指出：以应用性、实践操作为主的专业要与社会接轨，以提高学生实践动手能力为主要培养目标，增强学生的创业与就业能力。

在全国高校纷纷扩招的大背景下，信息化的迅速发展促使计算机专业也进入了一个大规模的扩招阶段，众多师范院校、高职院校和综合院校新增计算机及其相关专业，专业的扩充使掌握计算机技能的学生毕业人数猛增,学生在就业过程中遇到的问题在近两年越发突出。随着就业市场矛盾的日益突出,计算机专业学生实践能力培养问题也日渐凸显。尽管我们不能把日趋严峻的毕业生就业困难问题完全归结为学生实践能力低下,但是不可否认的是,计算机专业学生的实践能力状况的确令人担忧。因此,重视培养并提高计算机专业学生的实践能力已经成为当今计算机专业教育不可回避且亟待解决的现实问题。

笔者曾对计算机专业必修课数据结构课程进行过为期五年的实践教学体验,另外又承担了教师教育处计算机专业学生实习指导教师的任务,取得了一定的成绩,但是也看到了一些问题。

一、程序设计类课程实践教学存在的问题

目前各高校促进计算机专业学生实践能力发展的研究多集中于课程教学改革与实验教学模式创新领域,存在如下问题。

1. 观念淡薄

长期以来,我国高校"重理论、轻实践;重知识、轻能力",在这种教育观念的指导下,学生认为,高等学校应以理论教学为主,实践教学为辅。理论教学体现了学术性,实践教学是理论教学的一个环节或是补充。因此,从教师到学生,从实验到实习,从软件到硬件,实践教学始终处于弱势地位。以下调查充分显示了人们对实践教学的轻视。

调查一:依信息科学与工程学院 2007 级、2008 级本科计算机教育专业、计算机科学与技术专业数据结构课程实验教学现状调查可知,有18.9%的学生表示不能在每一个实验都亲自动手操作,甚至有部分同学承认在实验中基本不动手,只是看别人操作。而在实验的课前预习中,只有22.9%的学生能认真预习,并按要求完成预习报告,

另有 67.6% 的学生只是简单预习实验内容，还有 9.5% 的学生实验前从不预习。只有 11% 的学生能够通过预习明白实验目的、实验要求和实验内容。

调查二：考研学生对教育实习的看法如表 5-1 所示。

表 5-1　考研学生对教育实习的看法

为何考研	给当老师增加筹码（19）	不想当老师，找别的出路（9）
实习、考研是否冲突	看实际情况而定（22）	实习与考研冲突（6）
实习时间安排	重心在学习（16）	实习、考研两者兼顾（12）
实习安排建议	希望不要和考研复习冲突（20）	不安排实习（8）

注：括号中为相应人数，参与调查者总共 28 人。

从以上的调查中，我们可以看到，不管是实验教学还是实习，计算机专业学生均对实践教学的态度不够认真，未能理解实践教学的重要作用，甚至还有学生为了考研不想参加实习，而且考研学生为了考研宁愿放弃实习。此外，实验课教学方法仍然以讲授为主，学生自由探索、自主学习、主动实践的环境还不具备。学生对目前的实践教学方式也有自己的看法："我感觉自己做实验做得还不错，但是效果，我觉得不是很好，就是……不是像我事先想象中的效果，怎么说呢……就是缺少成就感。我觉得基础实验和专业实验基本上都是那些验证性的实验，主要是加深对基本原理的理解，对所学知识进行验证，没有挑战性，可能这就是缺乏创新性吧。""专业实验部分，很多是对有些原理和算法验证，我感觉没有很大的意义，我现在比较喜欢有点儿新发现的实验。""我觉得实验一般，因为基础实验主要是验证性的，创新不够，探索性少，专业实验……主要是记忆不深刻，做过就忘记了。"思想决定行动，态度决定一切。没有正确的指导思想和认识态度，就无法进一步开展具体的教学活动。

2. 理论课程量过大，且没有体现实践性特征

课程体系的安排，仍然是基于学科逻辑，强调"知识结构的完整性"。专业的课程基本上以学科为中心，存在学科本位的现象。另外，每一门课程在教学内容的组织上，都强调自身的逻辑体系和结构的完整性，各课程之间缺乏整合，内容重复的现象也很突出。这样的学科课程组织方式，显然难以培养出具有创新精神和创造能力的工程人才。教师传授间接经验用的时间越多，学生获取直接经验的时间就越少，越是这样下去，学生的思维风格越容易向收敛型发展。因而，加大实践培养力度的课程改革一定要在梳理课程知识点的基础上，建立起新的课程知识体系，增加课程实践的学时只能从课堂教学内容和方式中挖掘。

3. 课程内容缺乏整合，实践教学环节较零散

大学允许并修课程，也就是那些在同一学期开设的课程，但它们之间存在很弱的时间结构联系，几乎不能反映各课程中学习主题的真正整合。相较于整合性的课程体系设计，传统的课程体系结构具有两个主要的缺点。首先，在传统课程体系的主题内容之间很难建立联系，而跨学科的联系则更加困难。其次，很难将学生所需具备的团队合作能力、工程设计能力整合到传统课程体系结构中。从目前的情况（见图5-1）来看，实践教学的安排比较零散，教学环节之间缺乏沟通、衔接不够。

4. 师资队伍落后

从教师队伍的质量来看，教师的工程素质和实践经验不足，具有丰厚工程背景又有学术水平的"双师"型教师尤其缺乏。实践教学师资队伍力量薄弱，导致实践教学水平在低层次上徘徊，实践教学的效果难以保证，更谈不上学生创新能力的培养。计算机专业教师队伍的工程素质和实践经验，对于工程教育实践教学的效果发挥着重要作用。近年

来，由于学生规模持续扩张，教师数量严重不足，高校不得不聘用大量应届毕业生。在这样的背景下，高校具有博士或硕士学位的新进教师越来越多，但他们接受的主要是理论性知识和学术训练，缺乏在企业工作或参与大型工程项目的实际经验。很难想象，"工程经验欠缺的教师，能培养出工程实践能力强的学生"。另外，因为高校与企业之间的联系极其薄弱，很少有高校从企业选聘经验丰富的工程师到高校任教，这也严重影响了本科工程教育实践教学的质量。

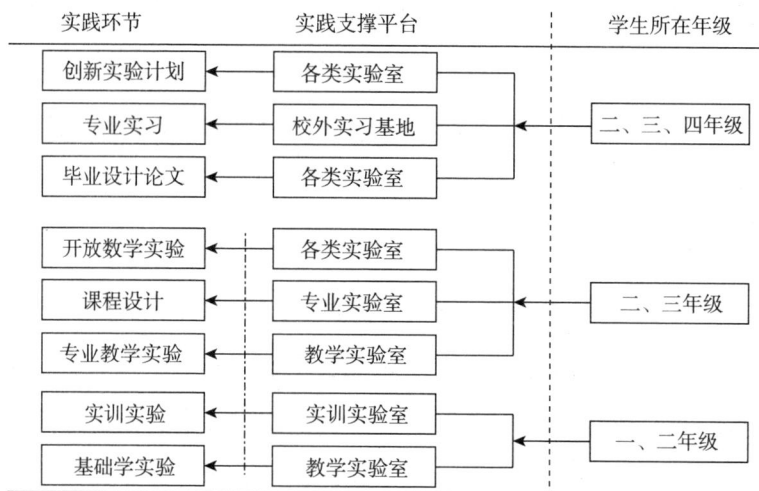

图 5-1 零散的实践教学结构

随着招生规模的大幅度扩大，高等教育成为大众化的教育，生源质量远不如扩招以前，加上计算机领域新技术发展非常快，每门课程的学时相对减少，课堂教学内容缺乏整合，实践环节也较零散，这就导致了学生学习消化和吸收应掌握的知识难度加大，所以实践教学方法和模式需要改进，以适应高校现状：教学资源不足、教师学术交流少、新型专业教师明显不足、教学资源相对有限；不同学校之间教师学术交流较少，在某种程度上造成学校间师资差距很大；缺少与社会力量的互动，人才培养计划的变更也会影响高校师资结构的变化，而师资的培养需要周期，从而导致师资培养滞后于市场。

二、"线上线下" 协同互补实践教学模式实施方案设计

1. 教学设计思路

课程体系结构重构环节，对于课程体系的结构改革，更强调"顶层设计、整体优化"，应明确该门课程在培养计划中的地位和边界。在实践课程内容更新环节，应"线上线下"学习相结合：对于"线上"，基于互联网的云教育平台上适合不同教学层次要求的优秀视频教学课件，学员可以在任何时候选择适合自己的教学课件进行学习，这有助于学生自查其对知识的掌握程度。对于课堂教学，即"线下"教学，调整实践教学模式，改进教学内容，课堂教学不仅限于讲授课程的基本内容，还要巩固学生所学知识，做到精讲，解决学生的难题，提高学生对知识的理解，重点培养学生掌握实践能力和工程应用能力。线下教学能够反映不同高校培养学生质量的主要因素。

2. 基于学生"能力本位"，"线上线下"互补的实践教学模式建构

计算机专业本科工程教育实践教学改革的起点，是基于当下和未来经济、科技、文化发展以及工程和教育的本质特点而展开的。在信息化大环境下，高校培养的专业人才难以满足社会和产业界的需要，难以满足建立创新型国家及科技变革的需要。[52] 为此，我们需要重新审视人才培养目标，围绕计算机专业人才培养标准，重构课程体系并改进教学方法，从而形成有效的教学模式。通过计算机专业人才培养工程教育的功能定位、课程内容更新、教学方法改革，将本科工程教育的核心价值观融入实践教学，构建计算机专业本科工程教育实践教学的新模式。具体研究内容如图5-2所示。

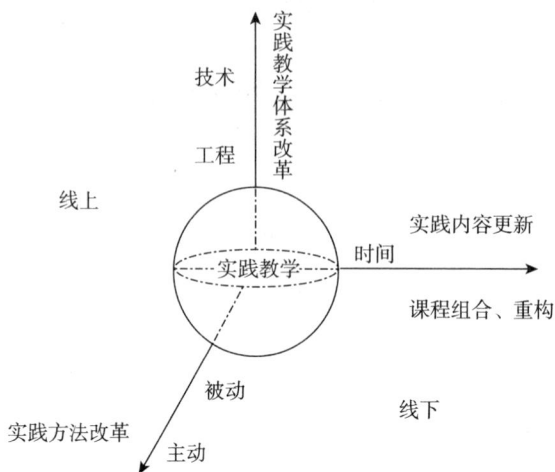

图5-2 "能力本位"、线上线下互补的实践教学模式示意图

（1）树立工程教育实践教学理念

计算机专业实践教学的改革，需要有先进的工程教育理念作指导。现代工程与工程教育所面临的挑战并不只是在工程及其教育内部，只有把其教育置于整个高等教育体系中，才能对其进行合理的定位和改革。计算机专业教学结合教育的特征，参考先进的高等教育教学理念进行教学。

（2）课程体系结构重构

对于课程体系的结构改革，现在应该更强调"顶层设计、整体优化"。很长一段时期以来，课程改革多是在原有的课程框架内小修小补，对单门课程进行局部优化。这是必要的，在一定时期内也起到了积极的作用。但这也是不够的，各门课程局部优化的总和并不等于课程体系的整体优化，在某些特定条件下，局部优化的总和甚至可能导致整体的不优化。各门课程教学上独立追求自身的系统性和完整性，必然无法装配成优化的整体。

从人才培养的全局来看，缺乏顶层设计、整体优化指导的课程改革，很可能是无序和低效的。那么，当前课程改革的首要任务，就是根据专业培养计划中所拟定的培养目标和学生能力标准,重新审定并合理调整总的课程设置,既做"加法",又做"减法",明确每门课程在培养计划中的地位和边界,再对具体课程进行改革。学科课程之间,应该是相互联系、相互支撑的。

(3) 实践课程内容需要更新

现代科学技术发展大大加速,知识陈旧,周期缩短,人类知识总量已达到 3～5 年翻一番的程度。知识的更新也要求课程内容及时地做出更新与调整,改变实践教学内容滞后的现象。[55] 应适当增加跨学科课程内容。作为一个具有专业背景的计算机高级工程师,在分析用户需求、设计产品(系统)或解决工程问题时,几乎都要综合考虑环境的、经济的、法律的、社会的因素,这也决定了学生要有多学科知识的积累和跨学科的思维习惯。

(4) 理顺理论课程与实践环节之间的关系

课程体系的整体优化,还应该理顺理论课程与实践环节之间的关系。对于学生的培养来说,要完成两个方面的任务:一是教给学生基本的专业基础知识,如高等数学、计算机导论等;二是让学生尝试像工程师一样思考,形成工程师的思维,包括设计能力、创造性。另外,学生的工程设计能力、沟通交流能力、团队合作能力等,都应该自然融入整个课程体系。

(5) 实践环节的安排要有层次性、连贯性,注重综合类实验和工程设计

对于学生实践能力的培养,应该站在一定的高度统筹规划,实践教学环节之间应该有层次性、连续性和贯通性。把要求学生达到的技能和素养分解到各个环节中去,使每一个环节都有明确的目标。针对学生的某一种能力,安排培养环节或调整教学活动,做到"有的放矢"。

三、"线上线下" 协同互补教学模式实施方案

1. 更新实践教学理念

教师应突出"以学生为本，以实践能力培养为重点"的教育思想，加强基础教学，加强综合化、系统化实验；重视设计方法学变革，培养学生运用现代化设计工具的能力；发展个性、因材施教、分流培养、启发创新。在实践教学过程中，应实现三个结合："观察型、验证型"实验与"综合型、研究型"实验结合；"闭实验"与"开实验"结合；课内与课外相结合，拓宽实验时空概念。应做到"不断线、分层次"，从一年级的计算机基础训练、程序设计训练、综合项目研发，一直到四年级的毕业设计，构成一个连续性的实践教学体系。

2. 构筑新的实践教学模式

原有的实践模式只有基础层实验，造成学生知识面狭窄、实践能力差等弊端。笔者构筑了金字塔形实践教学结构，其分为四个层次，即基础实验层、提高设计层、综合应用开发层、研究与创新层，如图 5-3 所示。四个层次均贯穿于研究型实验，具体的教学安排如下。

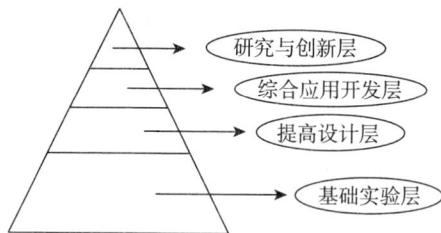

图 5-3 金字塔形实践教学结构

ⅰ 基础实验层——必修课。

ⅱ 提高设计层——必修课与选修课相结合。

ⅲ 综合应用开发层——必修课与选修课相结合，包括：综合应用开

发实验（选修）、毕业设计（必修）。

ⅳ研究与创新层——通过毕业设计（必修），结合工程实际课题，在实践中进一步提高学生的创新意识和工程实践能力，或者组织参加全国大学生信息技术竞赛、全国挑战杯科技竞赛，锻炼学生的创新能力。

新的实践教学模式可形成一条由计算机基础训练、专业实验、社会实践、课程设计、企业实习、毕业设计等环节组成，贯穿学生四年本科学习阶段，而又分层次的实践教学链，充分体现"发展个性、因材施教、分类培养、启发创新"的实践教育思想。

3. 更新实践教学内容

让实践教学内容与科技发展同步。学校的课程体系由单一的学习知识和进行技能训练向部分实现创新实践教学的方向转变；由单一的理工类学生参加的工程实践教学逐步向文理交叉融合的方向转变；由单纯的本科教学逐步向以本科教学为主，兼顾指导研究生教学的方向转变。

积极开展项目实践教学。项目实践教学是在基础实践基础上进行的，采用开放的运行方式。项目内容与设计由学生自主完成，教师提供咨询与指导。多开展项目实践教学，可使学生从技术资料的收集、调研、不同方案的拟订、优劣方案的分析比较以及最终方案的确定，到自行实施完成，最终形成总结报告。这从研究方法等细节上培养了学生的实践能力，使他们获得了完整且真实的工程经历，实现了实践能力的锻炼和工程意识的培养。

四、基于"线上线下"协同互补教学模式课程的考核与评价

考核要求：

1. 书面作业

要求学生每两周提交一次作业，每次作业按 10 分制记录成绩，期末

加权折合为 25% 的书面作业成绩。计算公式为：$\sum n(g \times q) \times (n/N)$，即书面成绩 = 每次作业的加权成绩之和 × (提交作业次数 ÷ 作业总次数)。

2. 参与度

主要考查学生课前准备情况、课堂回答提出的问题的预习情况、课堂发言的积极性。

3. 小组讨论

主要考查学生在互动训练期的小组讨论情况，以及小组的主题发言、课堂讨论发言、小组作业完成情况。各小组成员的此项成绩相同。

4. 开放性考核

主要考查学生对该门课程的深入理解情况，通过完成开放性训练题目，获得相应成绩。

五、"线上线下"协同互补教学模式特色

1. 提出了计算机专业教育针对本科阶段实践教学的改革方法与策略

本研究依据计算机专业人才培养方案与学生实践能力发展现状，从计算机专业实践教学的现状入手，发现实践教育中存在的问题，以寻求解决问题的策略为出发点，以计算机专业本科生实践教学体系为主来研究计算机专业工程教育理念下学生实践能力的培养，以期推动我校计算机专业学生实践能力的提升和培养。

2. 建构计算机专业程序设计类课程实践教学体系

本教学模式建设系统化的实践教学体系，开放实践教学模式，搭建课程结构的模块化学习，使实践教学平台层次化，引导学生查阅文献、资料，及时了解最新动态，进行必要的理论分析，或进行必要的实验测试和数据处理，逐步增大综合性设计实验比例，开设创新性实验项目，

不断提高学生独立解决问题的能力。

3. 给出了本科生毕业设计（论文）选题的新思路

目前本科生毕业设计的选题大多数是在导师提供的选题指南内自选或完全由自己拟定，由于导师与学生解决问题的知识图式存在差异，学生往往觉得无从下笔，其论文内容显得空洞无物。基于学生参与的项目实践或实习过程中遇到的真实问题，毕业设计（论文）选题可以有效保证毕业设计（论文）的内容、方向及价值。

六、结束语

经过一学期的教学实践，课题组成员理解并运用了转动式课堂教学的精神，做了以下工作：①围绕本专项课程，重新构建实践课程教学体系。②对具体教学实践内容按转动式课堂教学模式进行了精心设计。③在实际课堂教学中执行教学方案设计，并根据学生情况适时对转动式教学进行实践教学探索。④对课外课堂进行了回馈与指导评价。实践中我们发现存在许多不足：①网上慕课资源虽然很多，在每节课的实际教学中也科学合理地为学生提供了大量的辅助教学资源和相应的平台，但是学生基础本身薄弱，要查阅、学习的资源太多，精力明显不足。②由于学生人数众多，学生涉猎的内容较多，因此问题也较多，教师不能及时反馈信息，又由于教学进度及学生情况等诸多方面的限制，教师任务量过重，导致不能及时地回馈及有效地总结。

总之，在"线上线下"协同互补的教学实践中，我们进行了积极的探索，拥有了宝贵的经验教训，在今后的教学中我们要多与学生交流，认真倾听学生内心的呼声，根据学生情况因地制宜地修改、更新、设计教学方案，把握教学方向，努力使教学实践做得更好。

第六章 程序设计类课程教学模式的实践探索（三）

——以"计算思维"能力培养为导向的教学模式

计算思维、逻辑思维和实证思维被认为是人类认识、改造世界的三种主要思维方式。2006 年 3 月，卡内基·梅隆大学的周以真教授系统地阐述了计算思维的概念；2010 年 7 月"九校联盟（C9）计算机基础课程研讨会"发表联合声明，把"计算思维能力的培养"列为计算机基础教学的核心任务，自此计算思维得到了国内计算机基础教育界的广泛重视。学者们提出了计算思维的定义、具体描述、特征和本质等内容，该定义后来被国际学术界广泛采用，即计算思维是运用计算机科学的基础概念进行问题求解、系统设计及人类行为理解等涵盖计算机科学之广度的一系列思维活动[1]。计算机科学的基础概念最早被认为是"计算、通信、协作、设计（含抽象）、自动化、记忆、评估"等原理。计算思维的提出对美国教育和科学界均产生了重要影响，并促成了美国国家科学基金两个重大计划（CPATH）的产生。CPATH 计划旨在通过"计算思维"从根本上改变美国大学计算教育的现状，并将计算思维拓展到美国的各研究领域。计算思维在我国同样受到了重视，2010 年 7 月，首届"九校联盟（C9）计算机基础课程研讨会"在西安交通大学举办,并于 2010 年 9 月发表《九校联盟(C9)计算机基础教学发展战略联合声明》,把计算思维能力的培养列为计算机基础教育的核心任务。2012 年,教育部高教司设立了"以计算思维为切入点的大学计算机课程改革项目"。

程序设计课程是面向计算机专业学生开设的一门必修课和专业基础课,蒋宗礼教授、龚沛曾教授、何钦铭教授一致认为程序设计课程是计算思维能力培养的重要内容,对计算思维能力的培养具有重要作用,是典型的计算思维课程[53]。据此,如何在程序设计课程中培养学生的计算思维能力,帮助学生建立计算机问题求解意识,使程序设计课成为名副其实的传授基本知识、提高应用能力、培养计算思维的大学专业通识教育课程成为新形势下亟须解决的问题。据此,笔者在对计算思维、计算机专业学生的学习特点以及程序设计课程教学特点研究的基础上,提出了以"计算思维"能力培养为导向的程序设计课程教学模式,全面培养学生的计算思维能力。

基于"计算思维"的程序设计课程教学模式,依据计算机程序设计课程教学培养目标,围绕科学的思维和方法进行教学改革与实践。本书通过对"计算思维"应用情况的调查与探索,提出了以"计算思维"能力培养为根本,构建基于"计算思维"的计算机程序设计类课程教学模型,从理论研究、模式构建等方面反映基于"计算思维"的计算机程序设计类课程教与学的模式建设。

程序设计课程被许多高校列为学生进入大学后必修的专业基础课程之一,课程内容和深度根据不同学校的要求有所不同,但其主要内容基本都是讲授常量、变量和表达式,数据类型、三种结构的程序,数组、函数和指针等基础知识与基本技能,帮助学生初步养成利用计算机分析和解决问题的意识与能力,为今后学习和更好地使用计算机及相关技术奠定基础。关于程序设计课程教学,除了讲授计算机专业知识以外,还要帮助学生养成计算机学科的思维方式。无论是对于计算机专业还是非计算机专业的学生来说,培养用计算机解决和处理问题的思维和能力,强化创新实践能力,是大学教育所要达到的基本目的之一。基于此,如何更好地用计算机思维来开展计算机程序设计类课程教学研究与实践,是我们当今计算机专业课程教学所面临的新课题和首要任务,也是我们一直致力于探讨的问题。

一、高校程序设计类课程教学现状

目前高等学校程序设计类课程的教学现状不容乐观。从目前的教学现状来看,各个学校存在太大的差距,当然这与学科之间及每个学生的计算机素养有很大关系。但目前学校程序设计类课程的问题主要体现在,课程仍然以枯燥、单调的技能介绍为主,向学生进行单一的知识灌输,缺乏引导和启发,导致学生接受新知识的积极性明显不高,进而使学生对此课程完全失去兴趣,久而久之,学生与实践相脱节,无法将计算机知识运用到实践中,进而也失去了开设此门课的意义。其实,究其原因,还是在于教师在授课过程中,忽略了对学生"计算思维"的培养。学习过程需要学习思维,"计算思维"就是计算机程序设计类课程的学习思维,通过这种思维的培养可以让学生建立起自己的计算机程序设计类课程体系,从而自主地参与学习,获得知识。毫无疑问,这种"计算思维"的培养已经是当务之急。

关于程序设计类课程教学的现状,在社会信息化程度不断提高等原因的推动下,原有问题日益严重与激化,新的问题也在不断涌现,笔者认为主要的问题可归纳为以下三个方面。

1. 对计算机程序设计类基础课程的重视程度不足

随着计算机的全面普及，大家对计算机越来越熟悉，操作起来也是得心应手，但学校的教育教学主管部门、学生和任课教师却越来越轻视该课程。计算机必修课程不应被轻视，因为"计算思维"的推广与普及必须借助计算机科学这一平台。教育工作者尤其应该从战略高度将"计算思维"从计算机应用能力中提升出来，作为人的一种基本技能来教学，这样必然大大提升计算机科学的地位，也必然大大提升与计算机科学相关的课程的地位。

2. 对课程认识上的偏差

由于计算机程序设计类课程长期以来受到狭义工具论的影响，部分教师和学生认为计算机只是一种高级工具，计算机程序设计类课程就是讲常见编程软件的使用，教师认为只需教会学生掌握编程软件的操作、解决基本问题就达到了教学目的。另外，由于学生在中学通过信息技术课程，对计算机语言的一些基本操作已有所了解，从而对大学程序设计基础课程存在的必要性产生了质疑。

3. 课程定位与课程内容设置不合理

对大学计算机程序设计类课程的认识偏差，以及将计算机工具化这一倾向，使得计算机科学一直被忽视。从国家角度来看，计算机程序设计基础课程是与数学、物理同等地位的基础课程。既然是基础课程，那么教学方法就应该像数学与物理一样，以讲授学科的基础概念、基本理论为主，但现在绝大多数的教学侧重点不明确，教给学生的也就是像累加累乘这类简单程序。很显然，理论薄弱和计算机的工具化倾向，必然会淡化对计算机科学的认识，无助于掌握计算机技术中最重要的核心思想与方法。

二、学生情况调查与分析

掌握学生计算思维能力的情况，是开展教学实践的重要环节。笔者面向 2019 级软件工程专业学生开展了计算思维能力水平问卷调查，从六百份有效的计算思维能力测试调查问卷统计结果可以看出，调查对象虽然是大学一年级的学生，但已经具备了初步计算思维的能力。如果想让这种能力成为学生未来固有的思维方式，还需要一系列课程的强化训练。程序设计基础课程是本科一年级学生的计算机专业基础课程，虽然学生是零基础，但学习积极性和配合度高，易于接受新知识和养成良好的习惯，因此大学一年级是开展计算思维训练的最佳时期。

三、以"计算思维"能力培养为导向的大学计算机程序设计类课程教学目标

"计算思维"的培养是一个长期的过程，目前还没有一个成熟的教材能够完整地阐述大学计算机程序设计类课程中"计算思维"能力的培养。在现有的课程内容基础上，如何准确地定位计算机程序设计教学，如何准确恰当地将"计算思维"融入大学计算机程序设计类课程教学过程中，实现教学内容与计算思维的有机结合，是我们每位从事计算机课程教学的教师所要思考的事情，也是当前计算机基础教学面临的重要问题。

程序设计基础课程的教学核心在于使用算法来解决问题，在求解问题的流程中培养学生的计算和算法思维。而计算思维的本质——抽象的精确符号化和抽象过程的建模，恰好与程序设计中求解问题的流程高度贴合。因此笔者紧紧抓住算法思维的核心理念，通过任务驱动、案例式教学、项目式教学等教学模式与信息化教学工具把课程内容和计算思维

融合在一起，开展以学生为主体、以教师为主导的教学实践活动，在学习知识的过程中训练学生的计算思维能力。程序设计基础课程的目标体系是以算法思维为核心，以计算机方法论为导向，按照抽象、理论和设计三个阶段，把实际的应用问题进行物理建模和数学建模，然后设计算法和编程，并在集成化的软件开发平台运行及求解。求解问题的流程实际上就是计算思维本质的体现，即抽象和自动化。辅以信息化的教学工具和多元化的教学手段，把计算思维的具体描述体系融入课程内容的教学实践中，在日常教学中开展学生计算思维的培养，具有重要的实践意义。

四、基于学生"计算思维"能力培养的程序设计课程教学模型构建

针对程序设计课程的特点，教学模型需要强调计算思维的培养，以知识促思维，以思维带知识，从而实现"知识随着思维的讲解而展开，思维随着知识的贯通而形成，能力随着思维的理解和训练而提高"[54]这一目标。教学模型将"计算思维"的形成分为四个阶段：一是通过教师的知识讲解形成初步的、离散的概念；二是带着问题，通过知识的再学习，形成具有一定求解能力的思维模型；三是通过求解、纠错、归纳等，整合思维模型，形成相对完善的计算思维；四是通过约简、抽象来拓展升华"计算思维"。"计算思维"在程序设计课程改革和建设中最终将体现落实在对知识、操作和策略进行抽象加工的能力培养上，见图6-1。

1. 从主观角度重视"计算思维"的培养

虽然计算机程序设计基础课目前在高校都有开设，但是大学生对这一课程不够重视，更不用说"计算思维"的培养了。大学计算机程序

设计基础课程是培养"计算思维"的重要方式，从而帮助学生逐步地从"计算思维"的萌芽走向成熟。因此，要培养大学生的"计算思维"，就要从主观性上重视大学生程序设计基础课的教学，有机地将"计算思维"融合到教学中去，以此来指导后续的一系列教学活动。

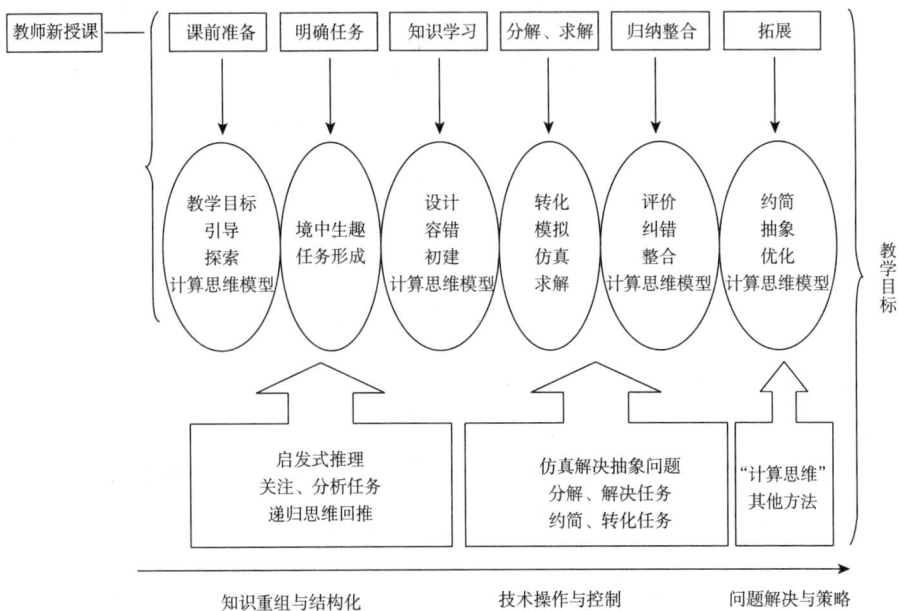

图 6-1　基于"计算思维"能力培养的程序设计课程教学模型

2. 课堂教学目标与内容的确定

构建基于"计算思维"能力培养的大学程序设计基础课程教学模型，首先是课程的定位，也就是明确这门课要教给学生什么，让学生学些什么，课程培养目标是什么。在此基础上开展教学方法与手段的研究，精心进行课堂教学的设计，将"计算思维"融入课堂实际教学中，最终提高学生利用计算机解决实际问题的能力。

3. 知识重组与结构化，改进课堂教学，着力培养学生的"计算思维"能力

从学科知识到课程知识，从课程知识到学习者的知识技能，这一过程经历两次重组。第一次重组是教师"教"的活动，第二次重组是学生"学"的活动。第一次重组是第二次重组的先决条件，课程知识、教材知识以及课堂讲授知识的重组为学习者认知活动奠定了基础。第一次重组的计算思维理念注定会影响和渗透到第二次重组中。在这里，"教"的活动是因，"学"的活动是果。没有"计算思维"能力培养的因，就谈不上"计算思维"能力养成的果。当然，重组是手段，建构是目的。课程教学最终的任务是知识建构。大学计算机课程改革就是要了解学习者的建构规律，为学习者知识建构提供条件，适时引领其建构知识。

针对以往程序设计课程中重语法、轻算法，重基础、轻应用，重统一要求、轻个性发展，学生机械模仿、独立思考和灵活应用能力差等问题，我们在教学过程中以"计算思维"中的算法思维和系统思维的培养为契机，对现有教学目标和教学内容进行了重新组织和梳理。算法思维和系统思维是两种重要的计算思维，是利用计算求解具体问题的两大关键点。算法思维的教学重点是设计算法，设计可实现的算法，设计可在有限时间与空间内执行的算法，设计尽可能快速的算法；系统思维的教学重点是设计和实现系统，即系统的构造。在程序设计课堂教学中，强化这两种计算思维，主要体现在：第一，在大一上学期开设的大学计算机基础课程中，对算法的基本概念以及经典的算法策略、算法的评价与分析进行简单讲解，为程序设计课程中讲算法奠定一定的基础。第二，在程序设计课程的初级阶段，讲课的重点放在分析问题和对问题进行抽象化方面。选择一些趣味性强且贴近实际的案例，帮助学生掌握用计算机解决问题的思路和方法，着眼于算法，采用案例法、探究法等多种授课模式，培养学生的计算思维和编程兴趣。第三，在程序设计课程的后期，讲解一些综合性的应用程序。经过前期的学习，学生已经积累了一些零散的基础知识，但对程序缺乏综合性的感受——"只见树木，不见森林"。因此，课堂上会讲解一些综合性的程序。例如，Java 程序设计课程可以传授记事本程序，将菜单、状态栏、通用对话框、文件的读写等知识融为一体，编写成一个实用的小程序；同时还可以编写简单的学生成绩管理系统小程序，将基础知识、程序流程、函数、数组、指针等内容融为一体，实现简单的登录、插入、修改、删除、统计等功能，逐步培养学生编写综合性应用程序的能力，提高学生的系统思维能力。

4. 教学内容具有启发性和探索性

关于大学计算机程序设计课程的教学，教师要努力设计出适应"计算思维"能力培养的课程。在教学内容的选择上，要有目的性，不能一味贪多，要将课程内容模块化，并列出明确的教学目标，让学生在课前就明白学习目标是什么。在教学内容的组织上，教师要先参照教学大纲归纳知识单元，梳理出"计算思维"教学的主线，讲授知识的同时引出思考点，将知识传授转变为基于知识的思维传授，讲授可见的、可实现的思维，凸显"计算思维"能力的引导。另外，教师要敢于寻找一种适合"计算思维"能力培养的学习方法。教师在授课中要重点知识重点讲，难点疑点反复讲，化繁为简，化整为零，设计教学的基本线索，让学生逐步理解，化被动接受为主动汲取知识。这样一来，学生会在潜移默化中形成一种学习思维，离最终的"计算思维"能力养成越来越近。

5. 加强实践环节，强化计算思维能力的培养

教师要充分考虑计算机专业学生的认知能力和习惯，规划上机实践环节的实验流程、实验形式和实验内容。题目先易后难，教师课堂导学和学生自主探索相结合；注重基础的同时培养兴趣，必做和选做相结

合,使学生通过科学的上机实践环节,体会和理解计算机求解问题的方法和思维模式。第一,加强学生对上机实践重要性的认识。程序设计课程是一门理论与实践并重,既注重基础知识又需要反复实践的课程。在第一节理论课上,教师就要向学生讲清楚,程序设计不是听会的,也不是看会的,而是练会的,从而使他们认识到上机实践的重要性,提高学生发现问题、解决问题的"计算思维"能力。第二,精心组织实验内容,强化"计算思维"。实验内容不仅仅是理论课堂所授知识的简单复习,还要给学生留出创新的空间。

6. 完善考核制度,促进计算思维能力的培养

学习考核是检查和评价学生学习效果的重要手段,考核的方式在很大程度上决定了学生的学习态度和方法。为了培养学生的计算思维能力,我们采取了以下措施。第一,在期末考试中,减少对基本概念、语法细节的考核比重,增加对使用计算机求解问题的思维模式与方法的考核。第二,增加对学生学习过程的考核,在平时的上机实践教学中,注意记录学生在求解问题、课堂问答、上机实践等方面的表现,在潜移默化中培养和提高学生的"计算思维"能力。第三,把考核重点放在学生自主完成综合性课程设计这一方面,布置小组作业,充分调动学生的主体能动性,培养学生的团队合作能力和综合应用能力。

四、结束语

大学计算机程序设计课程是一门基础性、素养性的课程。在培养学生"计算思维"能力方面,计算机程序设计基础课程担负着启蒙重任,课程教学与课程设计应从培养学生思维的角度出发,合理组织教学,运用恰当的教学模型与教学方法,使学生在掌握知识的同时锻炼计算思维能力。以学生"计算思维"能力培养为导向的计算机程序设

计类课程的教学模式，依托学生这一主体，着眼于算法思维和系统思维能力的培养，从"主观角度—课堂教学目标—课堂内容的选取—重组与建构—实践—考核"六个方面进行改革，有利于增强学生学习的主观能动性，提高学生的学习兴趣，从而帮助学生体会、理解和领悟计算机求解问题的方法和思维模式，培养学生的计算思维能力。当然，计算思维能力的培养不可能只靠一门课就能完成。因此，要不断地总结经验，将有效的方法推广到其他的计算机类课程教学中，让学生学以致用，全面提高学生的计算思维能力。

第七章 程序设计类课程教学模式的实践探索（四）

——基于"云计算"技术的教学模式研究

一、概述云计算技术

云计算（cloud computing）是分布式计算的一种，指的是通过网络"云"将巨大的数据计算处理程序分解成无数个小程序，然后，通过多部服务器组成的系统进行处理和分析这些小程序得到结果并返回给用户。云计算早期，就是简单的分布式计算，解决任务分发，并进行计算结果的合并。现阶段所说的云计算，是分布式计算、效用计算、并行计算等计算机技术混合的结果，通过这项技术，可以在很短的时间内完成对数以万计的数据的处理，从而达到强大的网络服务的目的。[39]

二、云环境下高校计算机程序设计类课程教学模式的设计与实践

（一）构建基于云环境下的计算机程序设计类课程教学新体系

计算机技术是大学课程中一门非常非常重要的学科，虽然这门学科开始的时间较长，但是由于教学体系的不完善而导致教学效率的直线下降，大部分院校在开展计算机程序设计类课程的教学过程中都选择

"填鸭式"课堂教学来完成。另外，由于资金投入的有限性，院校的软硬件提升滞后于教学形式的发展，这给实际的教学展开带来了一定的困难。笔者以"云计算"技术为基础，从教学模式上进行"云改革"，具体表现在以下几点。

1. 基于云计算教学资源平台建构，建立畅通性学习环境

在展开程序设计类的课程教学时，一般院校会选择以单机版上机操作的模式展开教学，由于不同院校设备数量的不同，直接导致学生上机时间以及频率的不同，有的学生对于知识点的理解、记忆能力较差，这使得学生对于课程的掌握以及知识的学习非常不利，所以在展开"云改革"教学后，我们会通过建构基于云计算的教学资源平台架构模型有效引导学生使用网上资源池在预先设定的权限下对文件进行编辑以及保存，让学生们能够随时随地地展开程序设计类课程的学习，实现所有流程环节的熟练掌握。

2. 借助移动云计算，为现代化教学资源建设提供新方案

随着无线传感技术和网络技术的飞速发展，学习者可以通过各种智能终端随时随地进行学习。目前，移动终端在应用过程中仍存在设备容量小、运行速度慢和软件不兼容等问题，借助移动云计算可以很好地解决这些问题，为现代化教学资源平台建设提供了新方案[44]。

3. 开展云计算的多人协作学习教学模式，激发学生学习积极性

云计算的技术应用能够让多名学生在线操作，这种多人协作学习教学模式能够更好地激发学生们的积极性。

（二）建构基于云计算的教学资源平台架构模型

云计算是一种技术革新，具有资源虚拟化、动态扩展虚拟化、按需部署、业务可扩展、灵活性高及可靠性强等特点[45]。基于云计算的资源管理，本质上是把网络空间中零散分布的资源，经过虚拟化的处理，

通过"租借"的模式,给相应用户终端输送资源服务[46]。通过虚拟化技术来实现基础设施服务的按需分配,利用虚拟机快速部署和在线迁移技术,进一步满足云计算弹性服务和数据中心自治性需求[47],大幅提升资源利用率。

基于云计算的教学资源平台架构模型是一种层次结构,由四层构成,分别是用户接入层、应用服务层、平台服务层和资源池层,具体构成如图7-1所示。

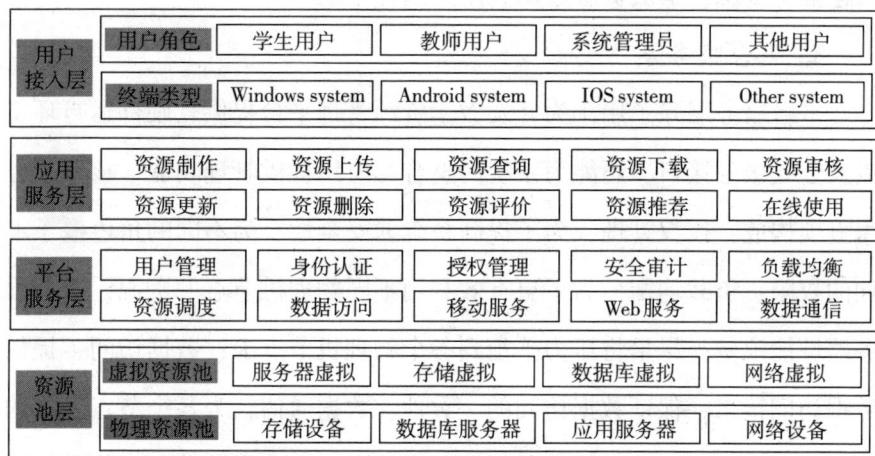

用户接入层	用户角色	学生用户	教师用户	系统管理员	其他用户
	终端类型	Windows system	Android system	IOS system	Other system
应用服务层	资源制作	资源上传	资源查询	资源下载	资源审核
	资源更新	资源删除	资源评价	资源推荐	在线使用
平台服务层	用户管理	身份认证	授权管理	安全审计	负载均衡
	资源调度	数据访问	移动服务	Web服务	数据通信
资源池层	虚拟资源池	服务器虚拟	存储虚拟	数据库虚拟	网络虚拟
	物理资源池	存储设备	数据库服务器	应用服务器	网络设备

图7-1 基于云计算的教学资源平台架构

1. 用户接入层

用户接入层由用户角色和用户终端构成,用户通过终端操作系统。用户角色由学生用户、教师用户、系统管理员和其他用户构成。其中,学生用户是平台资源的主要使用者,教师用户是平台资源的提供者和使用者;系统管理员是平台的维护者;其他包括既可以使用资源,又可以提供资源,但受到权限的限制。终端类型可以是智能手机,也可以是个人计算机或平板电脑,按照操作系统分为 Windows system, Android system, IOS system and Other system。

2. 应用服务层

用户通过平台功能使用系统，应用服务层提供平台的全部功能。基于云计算的计算机专业《数据结构》资源平台作为一体化的集成平台，提供的功能很多，核心功能由五项构成：资源制作，提供各种教学资源制作工具和模板；资源上传，将制作完成的资源上传到数据库服务器；资源审核，上传到服务器的资源，只有通过审核后才能允许使用；资源评价，提供资源评价功能，为资源改进提供参照；资源推荐，根据用户兴趣推荐资源，解决资源过剩和用户选择难题。

3. 平台服务层

平台服务层除了用于为开发教学资源管理平台提供软硬件运行环境以及公共服务接口，还能为系统的整合与应用提供管理功能。核心服务由五项构成：授权管理，为了提高系统的安全性，为不同的角色授予不同的权限；负载均衡，为了更有效利用不同物理机节点的资源，避免服务器性能浪费，尽量将压力平衡到各个物理机节点上；数据访问，提供数据访问接口，保证数据访问的一致性；数据通信，为各个节点之间的通信提供接口，包括网络设备之间的有线通信，以及移动用户终端与服务器的无线通信。

4. 资源池层

资源池层由虚拟资源池和物理资源池构成，为管理和运营带来了新的变化。主要特征是"虚拟化+管理自动化"，通过虚拟化技术，将主机等资源拆分成多个相互独立的虚拟机，并进行自动化调度，从而提高资源使用的精细化程度及利用效率。同时，基于统一流程，根据需求申请，快速提供和回收资源，提高业务响应效率。资源池的高效管理，要求能够对物理资源、虚拟资源实现统一部署调度，并在运行时根据资源的使用情况和应用要求动态伸缩或迁移。

(三) 按照计算机专业《数据结构》资源构成组织资源。

《数据结构》讲授数据的组织形式,是软件工程、编译原理和操作系统等专业课的先导课程[48]。栈、队列、二叉树等都是一种数据的组织形式,都是通过一定的程序代码来实现的一种特定的算法。《数据结构》的核心资源构成如图 7-2 所示。

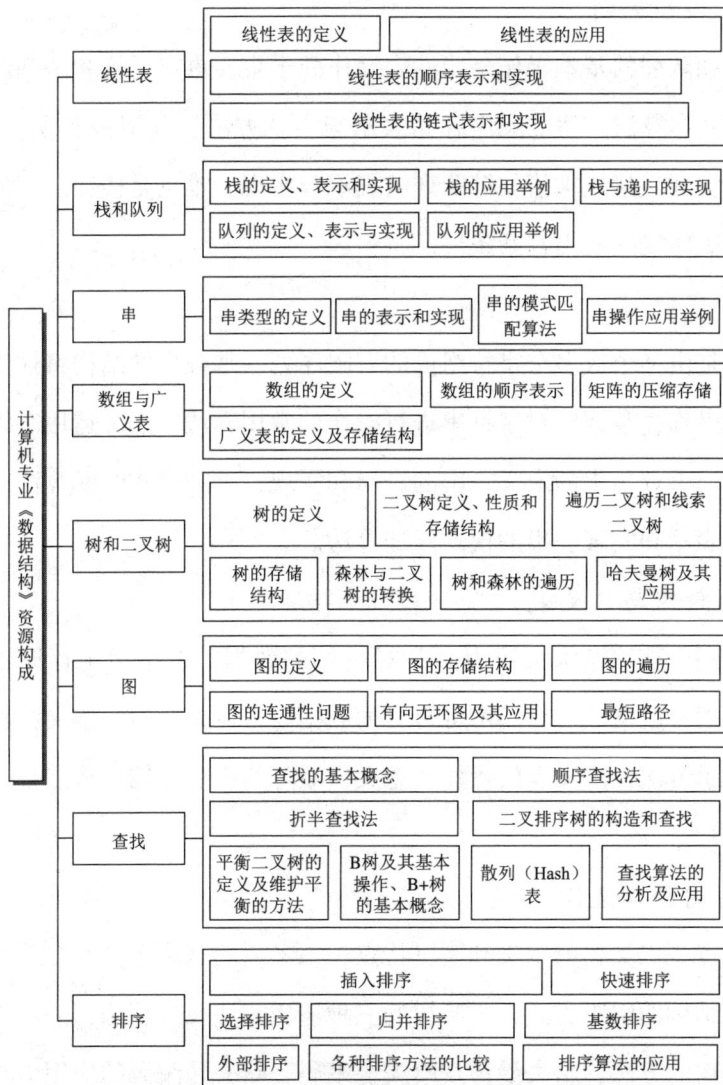

图 7-2 计算机专业《数据结构》资源构成

1. 线性表

线性表是基本的数据结构，重点掌握线性表的定义，线性表的顺序表示和实现方法，线性链表的单链表表示及实现方法。定位结点、删除结点、插入结点操作在单链表上的实现，循环链表、双链表的结构特点，循环链表、双链表上删除与插入操作的实现。

2. 栈和队列

栈和队列的基本操作是线性表操作的子集，重点是栈和队列的基本概念、基本算法，栈的顺序存储表示与实现方法，利用栈实现行编辑，利用栈实现表达式求值，链队列的表示与实现。难点是栈和队列的应用算法，顺序栈的溢出判断条件。

3. 串

串是由零个或多个字符组成的有限序列。掌握串的结构特性以及串的基本操作；掌握针对字符串进行操作的常用算法；熟练运用字符串处理函数。重点是串的定义，串的表示和实现，串的模式匹配算法。难点是串的表示和实现，串的模式匹配算法。

4. 数组与广义表

都用于存储逻辑关系为"一对一"的数据。数组用于存储不可再分的数据，广义表可存储不可再分的数据。重点是数组的定义，数组的顺序表示方法，广义表的操作及意义，矩阵的压缩存储。难点是广义表存储结构。

5. 树和二叉树

重点是二叉树的定义和逻辑特点，二叉树的基本运算，二叉树的链式存储结构的组织方式，二叉树的三种遍历方法及其算法，一般树转化为二叉树的方法，哈夫曼树及哈夫曼编码，哈夫曼编码的应用。难点是二叉树的递归定义，二叉树链式存储结构的组织方式，三种遍历的区别,哈夫曼编码。

6. 图

重点是图的定义、术语及其含义,各种图的邻接矩阵表示方法,图的按深度优先搜索遍历方法和按广度优先搜索遍历方法,生成树和最小生成树的概念,Prim 算法,拓扑序列和拓扑排序的概念和算法思想,关键路径的算法思想,最短路径的算法思想。难点是图的两种存储结构,关键路径、最短路径算法[49]。

7. 查找

重点是查找的基本概念,顺序查找、折半查找、二叉排序树的定义和查找算法,二叉平衡树的概念,B 树及其基本操作、B+树的基本概念,散列表的基本思想,各种散列表的组织、解决冲突的方法。难点是二叉排序树上的插入和删除算法,平衡树、B 树的建立,平衡二叉树的旋转平衡算法,散列表上的有关算法。

8. 排序

在排序过程中,待排序的记录是否全部被放置在内存中,排序分为内排序和外排序。重点是排序的基本概念,直接插入排序、快速排序、选择排序、归并排序 、基数排序、最佳归并树的思想和算法。难点是快速排序算法,堆排序算法。

(四) 基于云计算的教学模式管理平台和管理制度的构建

传统程序设计类课程的教学管理内容较为单一,难度较小,但是在云环境下,则需要对以往的计算机技术管理平台,构建基于云计算环境的实验室管理平台,新平台包括云客户端、云管理层以及资源池,云客户端的设置是为了给用户提供云端应用程序的入口,从而避免过去因为实验环境需要配置高性能本地终端机器以及为满足不同课程建设单独的实验室的情况,减少不必要的设备支出,提高设备的利用率,帮助教师更好的管理新教学平台的可利用资源。

三、总结

云计算是互联网、移动计算和云计算机技术的有效融合，通过各种智能终端实现资源共享。在云环境下，用户能够随时随地使用终端设备获取需要的资源。基于云计算的资源管理平台，不仅可以实现资源的动态化管理、统一性调度、灵活性按需分配，还具有管理成本较低、资源利用率高和应用拓展性强等优势。基于云计算的计算机专业《数据结构》资源平台，为课程教学提供丰富的资源，为深化教学改革服务。

第八章　程序设计类课程教学模式的实践探索（五）

——基于"课程思政"背景的教学模式

程序设计类课程是受众面极广的计算机专业基础课程，其理论与实践结合紧密，非常适合用来开展思政教育。笔者将"课程思政"理念融入课程培养方案、教学体系、教学质量保障机制、课程考核等课程管理和教学环节中，实现知识传授与思想教育的紧密结合，构建全课程育人的"一体化"新格局。

一、现状分析

1. 专业课教师对课程思政认识不足

课程思政是近年来提出的一种新的教学理念，很多专业课教师若没有参加专业的课程思政培训或对此关注不足，对课程思政理解不深，就会简单地认为课程思政是在教学中穿插一些育人的思想，或者生硬地把政治课程的内容加入专业课程中。这样既没有从根本上理解课程思政的含义，也没有教育者必须先受教育的觉悟。

2. 教师对专业课程中的思政元素挖掘不到位

专业教师熟悉专业课程的知识和需要掌握的技能，但对专业课中蕴含的思政元素挖掘不到位，主要体现在授课中随便找几句与思政相关的话或几个例子，甚至把思政课程的句子照着读一遍，就认为是融入了思政元素。事实上这种做法既没有从课程目标上做整体规划，也没有把课程内容和思政教育统一起来，而是流于形式。其产生根源还是教师重视不足和对专业课程中的思政元素挖掘不够，故只能生硬地将思政元素插入教学，效果极为有限。

3. 教师将思政元素融入课程的能力不强

教师不能透彻地理解课程思政的含义，在课堂教学时不是把政治课程的原理和思想生硬地搬过来，就是空洞地讲爱国爱家、道德法治、爱岗敬业，或者采用说教方式，要求遵守行为规范，这很难激发学生的学习兴趣和求知的热情，课程思政也就没法落到实处。

二、数据库原理及应用课程思政的建设背景

习近平总书记在全国高校思想政治工作会议上指出："要坚持把立德树人作为中心环节，把思想政治工作贯穿教育教学全过程，实现全程育人、全方位育人，努力开创我国高等教育事业发展新局面。"

数据库原理及应用课程作为专业核心课，具有极强的代表性，是学科竞赛、专业笔试面试、研究生考试的重要内容，具有受众面广、受重视程度高和专业性强等特点，也具有以该课程为中心建设其前导与后续课程群的辐射和示范作用。

三、数据库原理及应用课程思政建设的教学理念

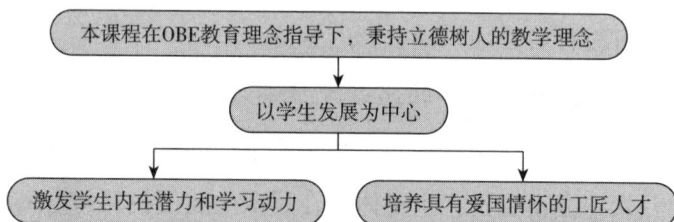

图 8-1　课程思政教学理念

四、数据库原理及应用课程思政建设的教学目标

1. 引导学生逐步建立良好的职业道德，尤其是作为 IT 人员必须遵守的网络道德；引导学生建立标准化的意识，认识到标准化的意义，同时逐渐形成认同标准，增强遵纪守法的意识。

2. 引导学生进行自主探究，培养学生从应用领域中发现问题、建立创新思维的能力；引导学生树立正确的价值观，培养学生的工匠精神和家国情怀。

3. 引导学生利用所学知识解决生活中的实际问题，激发学生的家国情怀，培养学生的科学态度和勇攀高峰的责任感，增强学生的团队互助意识和协作精神。

五、数据库原理及应用课程思政建设的思政元素挖掘

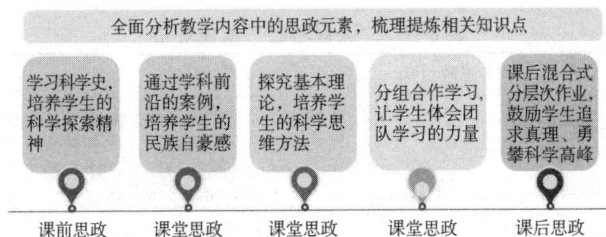

图 8-2　思政元素挖掘

六、数据库原理及应用课程思政建设的课程设计思路

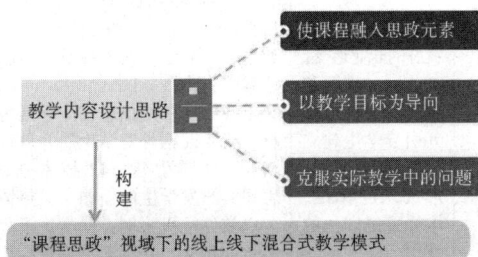

图 8-3　"课程思政"视域下设计思路

七、数据库原理及应用课程思政的整体建设内容

课题组成员分析数据库原理及应用课程的教学大纲，梳理思政线路，通过整合知识面，构建本门课程的教学体系。具体知识导图如图 8-4 所示：

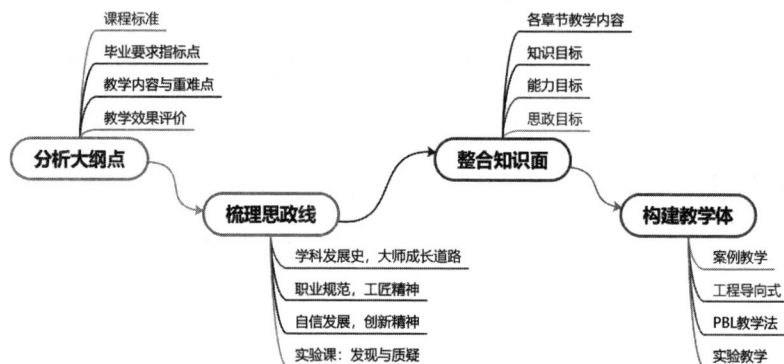

图 8-4 "课程思政"建设内容思维导图

具体实施环节如表 8-1 所示。

表 8-1 "课程思政"实施环节

思政主题	所属章节	思政目标	案例描述	思政考核方式
诚信价值观教育	第一章 数据库原理概述 第二章 关系代数 第三章 SQL语言	①树立正确的价值观；②诚信为本；③杜绝学术造假	数据库原理中的关系模型是通过严格的数学定义来完成关系的各种操作，因此关系模型是一个数学模型。关系模型能一直流行至此，与它自身的数学基础有直接关系，因而在发展的过程中经得起推敲和反复验证。教师在课堂上讲授专业理论之余，可以教导学生要脚踏实地，引导学生树立正确的价值观，诚信为本，杜绝学术造假	要求学生遵守诚信要求，对作弊、抄袭等实施"0分制"
技术强国，激发爱国热情	第四章 数据库安全性 第五章 数据库完整性	①引导学生建立良好的职业道德；②认同、理解和弘扬工匠精神；③引导学生建立标准化的意识，形成认同标准，增强遵纪守法的意识	①通过对世界知名黑客凯文·米特尼克的介绍，对学生进行职业道德教育，引导学生逐渐提升自身的道德修养；②以我国当前的信息安全标准为素材，就工匠精神对学生展开教育和培养；使学生建立"技术强国"思想，激发学生的爱国主义热情；③以软件危机为例，使学生了解标准化的意义，并逐渐形成标准化的意识	学习"渤海大学课堂教学管理规定"，强化制度约束，助推学风建设，提高课堂教学质量

128

续表

思政主题	所属章节	思政目标	案例描述	思政考核方式
管理与沟通	第六章 数据库的模式 第七章 数据库的设计	①理解团队协作的重要性；②理解分步骤是解决复杂问题的方法，在学习生活中做好规划，并按照制定的规划稳步前进；③理解沟通能力的重要性	①数据库设计的人员组成——引出：团结协作精神；②分步原理——引出：合理规划自己的学习生活；③一个往届毕业生分享工作真实经历——引出：良好的沟通能力的重要性，理解事物的联系是普遍存在的，向学生传授处理人际关系的方法技巧，努力在师生间、生生间形成良好的人际关系	项目模拟

八、数据库原理及应用课程思政的教学评价

本课程将思政元素贯穿于教学全过程，注重过程、成果和实践创新，构建多维度的线上线下个性化考核评价机制。如图8-5所示。

①专业教学维度

本成果针对传统教学中课程考核目标不明确，学生仅追求笔试成绩，缺少对实际应用岗位技能的能力认知问题，构建了一套多维度线上线下个性化考核方案。该方案以"知识能力"考核为基础，"岗位素质能力"考核为核心，行业发展和岗位需求为补充。其中，线上评分由教师设定评价因素，平台对学生实施动态衡量和预警提醒，完善学生学习过程监测、评估和反馈。线下实践项目考核由学生分组分阶段完成，实践项目贯穿教学过程始终。

②实践创新维度

课程组成员指导学生参加辽宁省大学生计算机博弈大赛，并在全国大数据分析大赛、数据挖掘大赛、大学生移动应用开发大赛等赛事上分别获得了很好的名次。围绕技术实用性和再学习能力深度融合这个课程建设主题，本课程组将继续探索行之有效的课程建设思路，进一步为应

用型大学建设服务。

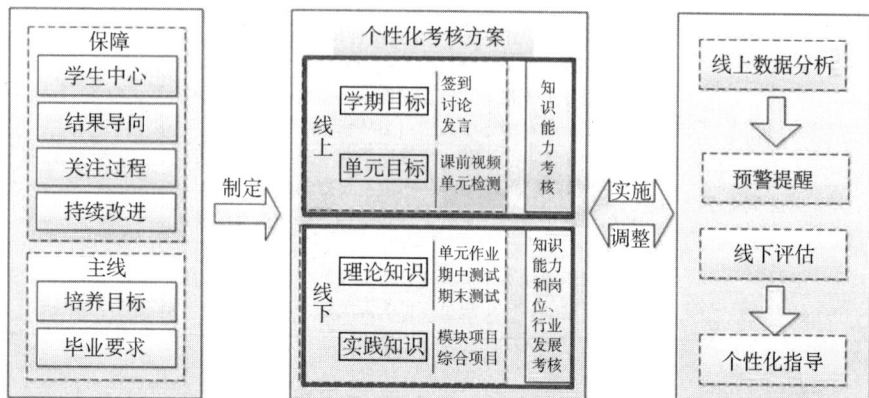

图 8-5 "课程思政"教学评价

九、应用课程思政特色

课程思政的基础在于"课程",没有真正有机融合且严格执行的课程思政设计就达不到良好的课程思政效果。数据库原理及应用课程在近一学年的执行中取得了较为显著的成效。

1. 立德树人成果显著

通过对授课前后学期数据采样分析，可以看出授课班级的学风有了进一步的端正并发挥了辐射作用，出现了出勤率"大于"100%的情况（本班满勤，还有外班和外系同学旁听）；从学生课程情况反馈中可以得出，通过课程的学习，全班同学在专业学习和思想品德方面都有较大的正向变化，专业学习和思想素质得到了提升。

2. 学习积极性大幅提升

授课班级中大多数同学提升了学习积极性，83.8%的同学激发了学科竞赛、考研、创新创业的参与热情。通过对比授课前后学期的学生综合素质测评、程序设计类课程成绩、参加学科竞赛人数数据，可以看出学生的学业成绩有了很大的进步，思想上也得到了一定的提升。

3. 多元化的教学方式

有效的教学方法可以提高教学的实效性。比较常见的教学方法，如互动式教学法、启发式教学法、情景教学法等，能够充分提高学生学习的参与度，调动学生学习的主动性。在教学过程中，提高学生的参与度，增强教师言传身教的效果，能够更好地引导学生树立正确的三观；调动学生的学习主动性，培养了学生对自己学业的责任心，培养了学生的担当精神。

4. 线上线下混合式多元化评定方式

课程成绩评定注重过程性考核，看重学生的参与式学习。这种评价方式能充分地调动学生的积极性，下面从以下四个层面进行多元化评价。

（1）对教学目标达成情况评价的设计

对教学目标达成情况评价主要从三个方面进行。在知识与技能方面，看学生能否理解课程的本质；在过程方面，看学生能否通过所学理论知识联系实际，解决现实问题；在情感、态度与价值观方面，看学生是否具备举一反三、学以致用等应用意识。

（2）对学生合作交流学习情况评价的设计

观察学生在课堂的合作交流学习中的具体表现以及他们彼此间的评价方式，另外，还要看学生是否积极主动地参与到合作交流学习中来。

（3）对学生的学习态度情况评价的设计

主要体现在观察学生的发言情况，注意力是否集中，能否认真听课并领悟所学知识的方法，以及学生能否充分利用课堂时间进行学习。

（4）OBE 目标达成度评价

本课程的教学效果是基于 OBE 模式的数据库原理及应用课程目标达成度来评价的。根据这一课程的目标达成度，可以发现学生学习的薄弱环节，进而完善和优化教学大纲，指导课程教学质量的改善和提高。

十、典型教学案例

本门课程强调参与式学习，思政教育与专业教学紧密结合，从各个教学阶段挖掘思政元素，做到潜移默化地影响学生；本门课程的教学方法兼具先进性与互动性，积极引导学生进行探究式与个性化学习，激发学生的学习兴趣与创造力；本门课程引入学术研究前沿的案例，增加了课程内容的广度和深度，突破习惯性认知模式，培养学生深度分析的能力。

1. 教学资源具有针对性、实用性和系统性

教学资源建设以实际应用为导向，以任务驱动为措施，线上线下教学资源之间互容互补、协调一致，符合学生的实际水平和认知规律，符合应用型人才培养要求和社会需求，全方位体现程序设计能力的培养。

2. 教学方法凸显学生主体地位，教师渐进引导、学生自主探究

通过实际问题求解和任务驱动组织教学。教师的"教"由讲授为主转变为多方位的学习指导为主，学生的"学"由被动的知识灌输转变为主动的知识探索。变传统的"一言堂"为多种形式的精讲、互动和交流。教师指导贯穿学生学习的全过程。

3. 案例化教学贯穿教学始终，促进知识构建和迁移

通过构建学生熟知的教学案例，增强学生对知识的理解和应用。案例化教学，重新构建了教师与学生、学生与学生之间的关系，使教师与学生以平等、积极的态度参与学习目标和任务的对话与讨论。案例化教学以"问题"为导向，激发学生主动探究、学习新知识的欲望。

4. 专业教学与实践创新、思政元素深度融合

课程思政，就工匠精神对学生展开教育和培养，使学生建立"技

术强国"思想,激发学生的爱国主义情怀。

5. 专创融合,共建"职场环境下,工程项目为核心"的教学体系

一切围绕以综合职业素质为基础,以技术实用性与再学习能力深度融合为培养目标,课程内容与企业需求无缝衔接。

典型教学案例:

教学内容摘要	课程思政教学元素	课程思政价值模块
数据库安全性概述	计算机专业人员应当具备的职业道德规范。思政素材:"头号电脑黑客"凯文·米特尼克	计算机专业人员应当具备的职业道德规范
数据库安全性控制 1. 数据库安全性概念 2. 信息安全标准	1. 理解并敬重工匠精神,在学习中发扬工匠精神。思政素材:我国的信息安全标准 2. 在工作学习中要"尊重标准,向标准看齐",努力形成遵章守则的氛围。思政素材:软件危机	工匠精神 标准化的作用
数据库安全控制技术和方法	理论与实践相结合,模拟一个数据库遭受黑客攻击的实践环境	激发学生学习数据库安全控制技术和方法的学习热情

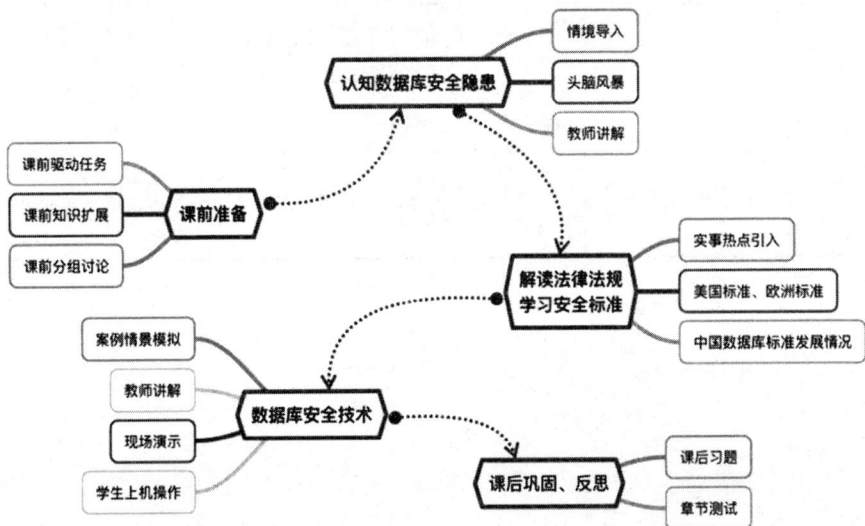

	教学环节		教师活动	学生活动	思政教学设计意图
线上学习（课前）	教师发布学习指导、分组任务单，学生在课下完成		将课前学习资源上传到网络课堂群，并通过微信发布课前预习通知	①提前查阅资料，完成课前预习 ②复习旧知识	①锻炼了学生自主学习能力； ②养成温故知新的习惯，提高信息检索能力
课上学习（课中）（2课时）	情境引入	5min	①教师展示学生预习成果 ②通过微盟删库事件，引入本节课	学生小组展示预习成果	①培养学生的沟通及团队协作精神； ②教育学生：互联网不是法外之地
	解读法律法规，学习安全标准	15min	①介绍著名黑客凯文·米特尼克 ②教师讲解数据库安全标准	小组完成课前讨论	①培养建立正确的职业道德规范； ②培养学生发扬工匠精神； ③尊重标准化，生活中要遵章守则
	学习数据库安全技术	30min	①教师讲解与演示 ②热点事件引入：TikTok 事件 ③问题点拨	①学生听讲，观察教师演示 ②小组讨论，测试	①体现时事热点，激发学习兴趣； ②明辨性思难学习
	实验操作与演示	40min	①问题导入式教学 ②学生上机操作	①学生上机操作 ②小讨论，测试	①引起学生对学习的思考； ②培养分析问题及解决问题的能力
	总结评价	5min	①总结点评课堂任务完成情况 ②回复学生提出的问题	①提交课堂任务 ②填写学习评价表，互评，自评	①通过及时评价，给学生正向反馈； ②了解学生学习状态和存在的问题
课后巩固	强化拓展训练		①教师及时跟踪评价 ②批改作业	复习知识点、强化易错题，拓展职业能力	①巩固课堂学习成果； ②培养学生持续学习的能力

参考文献

［1］余胜泉，吴娟．信息技术与课程整合——网络时代的教学模式与
　　方法［M］．上海：上海教育出版社，2005．

［2］鬲淑芳．信息化教学研究［M］．北京：科学出版社，2005．

［3］祝智庭．现代教育技术——走向信息化教育［M］．北京：教育科
　　学出版社，2007．

［4］张季娟，袁锐锷．外国教学史纲［M］．修订版．广东：高等教育
　　出版社，2002．

［5］叶进，张向利，吴璟莉．基于问题的学习及其教学策略的设计
　　［J］．计算机教育，2007（13）．

［6］李振亭，刘丽丽．基于项目的中小学科学课程的改革探索——PBL
　　在"资源与环境"教学中的应用［J］．在线杂志：教育技术通讯，
　　2007（1）．

［7］高文．现代教学的模式化研究［M］．山东：教育出版社，1998．

［8］刁维国．教学过程的模式［J］．教育科学，1989（3）．

［9］黄甫全，王本陆．现代教学论学程［M］．北京：教育科学出版
　　社，1998．

［10］http：//teacher.zjnu.cn/learn/course/jyxjc/images/0811.htm.

［11］黄甫全，王本陆．现代教学论学程［M］．北京：教育科学出版社，2003.

［12］http：//202.116.33.235/kcyjsl/wlkc/curriculum/shouke/1411.htm.

［13］李晓文，王莹．教学策略［M］．北京：高等教育出版社，2003.

［14］陈发华．探究式教学例谈［J］．考试（教学管理），2007（4）.

［15］杨学清．科学探究教学模式在中学物理教学中的实践．南京：南京师范大学，2005.

［16］周衍安．网络协作学习模式教学试验研究［J］．黑龙江高教研究，2004（11）.

［17］白幼蒂，李和平．分层自主学习教学模式初探［J］．学科教育，2000（9）.

［18］刘青松，闵令千，段瑞本．谈谈自主学习教学模式的运用［J］．教育探索，2002（3）.

［19］施良方．学习论——学习心理学的理论与原则［M］．北京：人民教育出版社，1994.

［20］袁振国．当代教育学［M］．3版．北京：教育科学出版社，2004.

［21］David Jonassen，et al. Constructivism and Computer-Mediated Communication in Distance Education. The American Journal of Distance Education Vol.9，No.2，1995.

［22］Brent G. Wilson. Metaphors for Instruction：Why We Talk About Learning Environments. Educational Technology，1995.

［23］Chris Dede. The Evolution of Constructivist Learning Environments：Immersion in Distributed Virtual Worlds［J］．Educational Technology，1995.

［24］皮连生．教育心理学［M］．上海：上海教育出版社，2004.

[25] 林崇德．智力结构与多元智力［J］．北京师范大学学报（人文社会科学版），2002（1）．

[26] 祝智庭，钟志贤．现代教育技术——促进多元智能发展［M］．上海：华东师范大学出版社，2003．

[27] 牛传荣，王涛．传统教学评价观与现代教学评价观比较研究［J］．哈尔滨师专学报，1998（3）．

[28] 熊和平．教学模式的规范、特点及其形成［J］．云南师范大学学报（教育科学版），2001（2）．

[29] 张自礼．弹性教学模式下学习兴趣与学习成绩的相关性研究［硕士论文］［D］．天津：天津师范大学，2007．

[30] 姚巧红．运用现代教育技术构建课堂互动教学模式的探索［硕士论文］［D］．甘肃：西北师范大学，2001．

[31] 张铭，许卓群，杨冬青，等．数据结构课程的知识体系和教学实践［J］．计算机教育，2004（Z1）．

[32] 魏传宪．教学多维论［J］．教学与管理，2000（3）．

[33] 韩群，张淑芳．浅谈《数据结构》的课程教学［J］．宿州学院学报，2007，22（4）．

[34] 赵丽．"数据结构"教学浅析［J］．晋示范高等专科学校校报，2001（3）．

[35] 郭蔚．在"数据结构"教学中应用多媒体的几点尝试［J］．河北工业大学成人教育学院学报，2002（12）．

[36] 田萍，韩媞，崔嘉．计算机教学模式研究［M］．北京：光明日报出版社，2017．

[37] 高文，钟启泉．教学模式论［M］．上海：上海教学出版社，2002．

[38] 马颖峰．网络环境下的教与学——网络教学模式论［M］．北京：

科学出版社, 2005.

[39] 刘燕玲 . 基于云计算技术的高职计算机教学模式的研究 [J]. 黑
龙江：当代旅游, 2021 (7).

[40] 商琦, 刘正 . 软件实践教学模式的敏捷重构 [M]. 苏州：苏州
大学出版社, 2019.

[41] 魏宏聚, 周佩佩 . 分课型构建教学模式的理论与实践 [M]. 北
京：北京师范大学出版社, 2019.

[42] 荆建华, 宋富钢 . 教学模式 (第七版) [M]. 北京：中国轻工业
出版社, 2009.

[43] 许明, 洪明 . 国外大学本科教学模式的改革与创新 [M]. 福州：
福建教育出版社, 2013.

[44] 张云, 李岚 . 基于移动云计算的教学资源平台的设计与实现
[J]. 信息与电脑 (理论版).

[45] 郭畅 . 基于云计算的中职教学资源管理平台探讨 [J]. 信息与电
脑 (理论版).

[46] 周小光, 张扬, 钟子涵, 于浩, 崔旭东 . 基于异构云计算平台的
资源管理模型分析 [J]. 办公自动化.

[47] 李焕, 肖宇亮, 戴玉敏 . 基于云计算的设计软件资源共享平台构
建与实现 [J]. 自动化与仪器仪表.

[48] 路扬, 白青海 . 数据结构课程教学现状与教学模式探索 [J]. 内
蒙古民族大学学报 (自然科学版), 2022, 37 (05)：446-449.

[49] 詹泽梅 . 数据结构纲要贯穿式教学探索 [J]. 电脑知识与技术,
2022, 18 (25)：170-172.

[50] 华霞, 王芬 . 高校教学模式体系与教学质量保障体系构建研究
[M]. 吉林：吉林出版集团股份有限公司, 2023.

［51］布鲁克斯．教学模式与教学方法系列：建构主义课堂教学案例［M］．北京：中国轻工业出版社，2005.

［52］曹杰．在线教学模式创新实践与探索［M］．江苏：江苏大学出版社，2021.

［53］袁秀丽．基于计算思维的"程序设计基础（C语言）"课程教学改革［J］．工业和信息化教育，2023年6月刊.

［54］李瑞芳，王莉利，刘金月．基于计算思维能力培养的程序设计课程教学改革［J］．科教导刊，2015年6月（中）.

［55］余文森，林崇德．课堂教学理论与实践［M］．北京：高等教育出版社，2009.